Ph. GLANGEAUD

Professeur de Géologie à l'Université de Clermont-Ferrand
Collaborateur principal du Service géologique de France
Correspondant de l'Académie d'Agriculture de France

LE MASSIF CENTRAL

DE LA FRANCE

(ETUDE GÉOGRAPHIQUE ET GÉOLOGIQUE SOMMAIRE
AVEC 29 FIGURES ET 2 PLANCHES)

(Extrait de l'ouvrage publié par l'Université de Clermont-Ferrand :
L'UNIVERSITÉ ET LE PAYS D'AUVERGNE)

CLERMONT-FERRAND
IMPRIMERIE JOACHIM
—
1919

comme origine, serait fastidieuse sans le secours de la géologie, qui permet de les réunir dans une *histoire commune*, se rattachant étroitement à celle de toutes les autres grandes régions françaises, aussi bien à celle des vieux Massifs, tels que la Bretagne et les Vosges, avec lesquels il faisait corps jadis, qu'avec celle des bassins de Paris et de l'Aquitaine, dont il a contribué à constituer le sol. N'est-il pas apparenté également avec les Pyrénées et les Alpes, puisque c'est l'édification de ces dernières qui, par contre-coup, au Tertiaire, a profondément rajeuni son relief usé par le temps ?

Voici la liste des régions naturelles secondaires, abstraction faite des bassins houillers :

1. Limousin.
2. Marche.
3. Plateau de Millevaches.
4. Combrailles.
5. Rouergue.
6. Ségala.
7. Montagne Noire.
8. Causses.
9. Gévaudan.
10. Monts de la Margeride.
11. Monts et Plaines du Livradois (Plaine d'Ambert).
12. Monts et Plaines du Forez (Plaine de Montbrison).
13. Cévennes.
14. Vivarais.
15. Monts du Velay et bassin du Puy.
16. Monts du Lyonnais.
17. Monts du Beaujolais.
18. Monts du Charolais.
19. Monts du Mâconnais.
20. Morvan.
21. Roannais et Plaines de la Loire.
22. Limagne d'Auvergne et Bourbonnaise.
23. Monts d'Auvergne (Chaîne des Puys, Monts-Dore, Cézallier, Cantal, Aubrac).
24. Coirons.

Plusieurs régions géographiques comprennent parfois deux et même trois reliefs géologiques différents superposés, tels le Charolais et le Beaujolais à la fois paléozoïques et Jurassiques, la Limagne qui est un bassin oligocène, volcanique et alluvial ; tel aussi le Massif du Cantal, dont le relief volcanique repose sur un substratum archéen, houiller et oligocène et dont une grande partie de la surface a été fortement modifiée par les glaciers.

L'histoire géologique permet précisément de définir et de délimiter la part qui revient à chaque région et d'*expliquer*, par suite, la *variété de leur modelé*, de *leur sol* et de leurs *richesses industrielles* et *agricoles*. La *géographie humaine* devient ainsi un corollaire de cet ensemble.

La création de *régions économiques* sera factice et vouée à un échec certain, si elle ne tient pas compte de toutes ces données essentielles, qui sont, en général, à la base des groupements humains.

Limites du Massif. — Ses caractéristiques au point de vue orographique et hydrologique. — Dissymétrie du relief. — *Le Massif Central* (abstraction faite de ses sinuosités), a la forme d'un quadrilatère dont les côtés, sensiblement égaux, mesurent

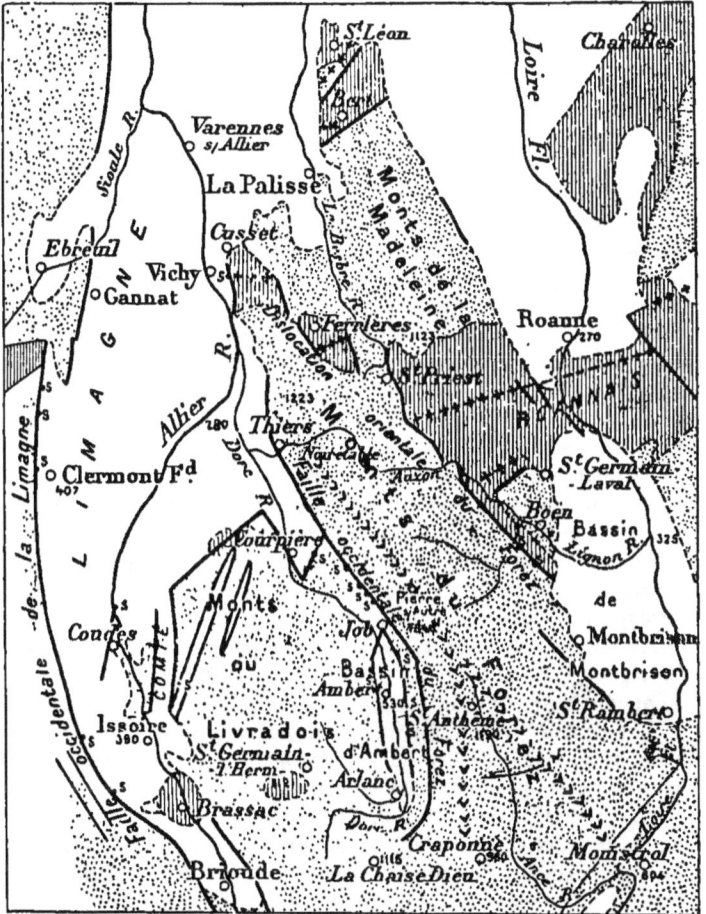

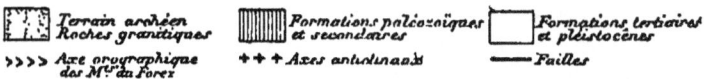

(Fig. 1). **Carte géologique schématique des Monts du Forez et du Livradois** et de leurs rapports tectoniques avec les régions tertiaires effondrées : Limagne, bassins de Roanne, de Montbrison et d'Ambert et les sources minérales (*v. coupe générale*).

plus de 1.200 kilomètres dans leur ensemble. Le premier côté (E. 280 kilomètres) de direction N.-S. part de l'extrémité septentrionale du Morvan (Semur) et atteint le cap La Voulte-Saint-Péray, qui culmine le ·Rhône et Valence. Le second (S.-E. 300 kilomètres) débute à l'éperon S.-O. de la Montagne Noire qui borde le col de Naurouze et se poursuit par les Garrigues, les Cévennes, Vals, Privas et une partie du Vivarais, jusqu'au cap précité. Le troisième (S.-O. 330 kilomètres), très sinueux, s'étend de la Montagne Noire, par Figeac et Brives, aux régions Charentaises de Montbron et de Confolens, tandis que le quatrième (N.-N.-O. 320 kilomètres) convexe, puis concave rejoint le Morvan et Avallon par l'Isle Jourdain, La Châtre et Decize.

Les deux premiers côtés forment un relief vigoureux contrastant avec celui des deux autres qui est très adouci. En effet, depuis la pointe N. du Mâconnais, jusqu'au col de Naurouze, leur rebord *brusquement relevé* retombe fortement (d'abord au-dessus des couloirs et des plaines du Rhône et de la Saône, puis des vallées inférieures de l'Ardèche, du Gard, de l'Hérault et de l'Aude qu'ils culminent sous la forme d'une escarpe de 450 kilomètres de long, dont la ·face est d'abord Jurassienne et alpine puis méditerranéenne *(voir les 2 planches)*.

« Relativement basses et morcelées au N. (du Morvan au Lyonnais), les hauteurs augmentent ensuite en importance et en altitude à mesure qu'on descend vers le Sud, et prennent finalement dans le Vivarais et les Cévennes un caractère massif ». (Barré) principalement vers l'Aigoual et le mont Lozère, où les formations archéennes atteignent leur altitude maximum (1.702 mètres). Le relief après s'être fortement abaissé dans les Garrigues, se relève vers l'Espinouse (1.266 mètres) et la Montagne Noire (Pic de Nore, 1.210 mètres).

Les pentes W. et N. du Massif se continuent presque insensiblement avec celles des *marges secondaires* et *tertiaires* des bassins de l'Aquitaine et de la Loire.

Les quatre côtés du Massif Central présentent, en outre, des séries de caps et de golfes, au milieu de terrains secondaires qui les encadrent. Certains, comme le golfe ramifié des Causses, pénètre profondément à l'intérieur : mais il a été incorporé si fortement au Massif qu'il forma bloc, avec lui, lors des mouvements qui redressèrent l'ensemble.

Il en est tout autrement pour le petit golfe tertiaire du Cher à Montluçon et surtout pour celui des plaines effondrées de la Loire et de l'Allier, séparées par la longue apophyse bifide du Forez (1.640^m) et du Livradois (1.150^m), qui, sur plus de 180 kilomètres, continuent insensiblement les plaines du Bassin

(Fig. 2). La ville de Jumeaux (Puy-de-Dôme), bâtie dans la *plaine alluviale* de l'Allier est culminée par des restes de terrasses quaternaires et par le versant ouest des monts du Livradois, creusé de gorges profondes. On remarquera la marche de l'aplanissement des versants.

de Paris, avec lesquelles elles ont été jadis en connexion très étroite. La Loire et l'Allier, qui ont d'abord une orientation S.-O. et N.-O., ont été détournées vers le N. et soutirées dans *les synclinaux* fortement relevés au sud et effondrés inégalement sur leur parcours.

D'autres éléments montagneux sont venus modifier la pente générale E.-O. du Massif Central provoquée par le redressement des bordures E. et S.-E. et la faible pente des bordures N. et O. C'est d'abord la ligne des hauteurs Margeride-Cézallier qui s'implante à angle aigu sur les Cévennes, non loin du Mont

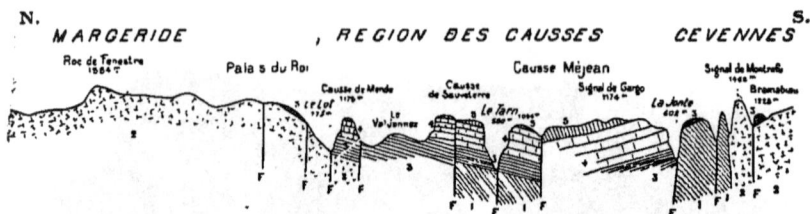

(Fig. 3). **Coupe géologique N.-S. à travers le département de la Lozère** (d'après Cord). — Remarquer l'effondrement de la région des Causses par rapport aux régions qui l'encadrent : Margeride et Cévennes et l'altitude considérable du Jurassique découpé en voussoirs inégalement affaissés : 1. Archéen (gneiss et micaschistes ; 2. Granite ; 3. Jurassique inférieur (Lias) ; 4. Jurassique moyen (Bajocien, Bathonien) ; 5. Jurassique supérieur.

Lozère et aboutit au plateau de Millevaches, énorme bastion de 800 à 970 mètres d'altitude de l'O. du Massif, qui joue un grand rôle dans ce territoire. C'est aussi le grand chenal houiller, puis oligocène, de direction N.-N.-E. de 270 kilomètres de long qui traverse en écharpe le Massif Central, depuis Noyant (Allier) jusqu'à Asprières (Lot), près Decazeville et se poursuit au-delà par la faille de Villefranche-de-Rouergue (50 kil.). Cette rainure disloquée, la plus étendue du Massif (270 kil.), divise le Massif Central en *deux secteurs très différents*, le *secteur occidental* qui est resté le *Plateau Central* du début du Tertiaire; relativement peu modifié et le *secteur oriental*, qui, avec ses lacs tertiaires, ses volcans, ses glaciers et ses sources minérales est le vrai *Massif Central*. Le chenal précité joue cependant un rôle relativement secondaire au point de vue hydrologique. Aussi n'est-il suivi que sur de faibles étendues par le Sioulet, la Dordogne et l'Aveyron.

Les reliefs volcaniques également, par leur importance : Aubrac (1.471m), Cantal (Plomb, 1.858m), Monts Dore, Sancy (1.886m), Chaîne des Puys (Puy-de-Dôme, 1.468m), Mézenc (1.754m), leur position centrale et leur altitude élevée ont produit plusieurs

(Fig. 4). **Rocamadour (Lot)**, petite ville ancienne, très pittoresque, bâtie sur les flancs escarpés du canon de l'Auzon (200^m de haut), creusé dans le causse Jurassique du département du Lot qui contribue à former les marges chaudes du Massif Central.

changements essentiels dans l'hydrographie générale. Ils donnent, en effet, naissance à plusieurs cours d'eau importants : la Loire, la Dordogne, la Cère, l'Alagnon et la Sioule.

De cet ensemble découlent les conclusions suivantes :

Il existe dans le Massif Central *deux lignes maîtresses des hauteurs* servant de lignes de partage des eaux et divisant le Massif en trois secteurs *oro-hydrographiques* : Dans le secteur oriental (E. et S.-E.) de faible largeur, qui forme l'escarpe de 600 kilomètres dont il a été question plus haut, les cours d'eaux ayant leur niveau de base très rapproché, ont un trajet relativement court et offrent des pentes considérables. Aussi sont-ils représentés par des rivières (le Gier, l'Erieux, l'Ardèche, le Gard, l'Hérault et l'Orb) qui deviennent des torrents impétueux, dont les crues terribles, accentuées par un déboisement stupide produisent en quelques heures de véritables désastres. L'activité dynamique de ces cours d'eaux étant plus grande que celle de ceux du versant atlantique, il y a empiètement de plus en plus marqué des premiers sur les seconds et il se produit, par suite, une *migration vers l'O. de la ligne de partage des eaux.*

Les deux secteurs du versant atlantique sont séparés par le dos d'âne Margeride-Cézallier-Millevaches-Monts de la Marche, traversé lui aussi par la trainée volcanique N.-S. de l'Auvergne (Chaîne des Puys, Monts Dore, Cézallier, Cantal, Aubrac) de 140 kilomètres de long bien caractéristique avec sa double antenne E.-O. et O.-E. de rivières (fig. 10). Au delà, c'est la grande rainure houillère qui interrompt la ligne de hauteurs et détourne la Dordogne et quelques uns de ses affluents, la Diège, la Luzège, vers le S.-O.

Les *trois nœuds hydrographiques principaux* du Massif sont situés sur la ligne orographique précitée. Le premier comprend le Causse surélevé de Montbel (1.263ᵐ) et les montagnes du Goulet et de Mercoire (1.501ᵐ) (Lozère) sur les flancs desquels s'écoulent sur les trois secteurs : le Chassezac, l'Allier, le Lot et leurs affluents, tandis que plus au N., l'Ardèche, l'Erieux et la Loire s'échappent de la région montagneuse du Mézenc et du haut Vivarais et qu'au S. partent de la base des crêtes Cévenoles, du Mont Lozère et de l'Aigoual : la Dourbie, le Tarn et la Jonte. L'Aveyron naît en plein Causse et la Truyère prend sa source sur les flancs de la Margeride.

Le *second nœud* s'étend sur les massifs des Monts Dore, du Cézallier et du Cantal d'où s'échappent principalement : la Sioule, la Dordogne, la Rhue, la Cère, l'Alagnon et la Truyère, etc.

Le *troisième nœud hydrographique* du Massif, qui est aussi le plus important, bien que moins élevé que les précédents, comprend le massif archéogranitique des Millevaches (altitude 800ᵐ 984ᵐ) d'où descendent *vers tous les points de l'horizon* plus de 20 rivières : la Diége, la Luzège, la Corrèze et la Vézère, affluents de la Dordogne, puis la Vienne dont le cours avait lieu jadis vers la vallée de la Charente ; la Maulde, le Thaurion, la Gartempe, la Creuse et le Cher affluents de la Loire. L'Auvezère, l'Isle, la Dronne et la Charente ont leur origine sur les flancs O. des

(Fig. 5). **Les Gorges du Tarn,** dans la région des détroits où les calcaires Jurassiques se ressèrent et forment des à pics avec des surplombs et des encorbellements.

Monts du Limousin, tandis que l'Indre naît sur les dernières pentes N. du Massif à l'O. de Montluçon.

L'éperon du Morvan fournit un chevelu d'affluents à la Loire et quelques uns à la Seine (l'Yonne, la Cure et le Serein), d'où il suit que le Massif Central contribue, pour une faible partie, il est vrai, au réseau hydrographique de la Seine.

Débit. — Houille blanche. — Le débit de presque tous les cours d'eau du Massif Central est fort irrégulier : beaucoup d'entre eux ont des débits de crues dépassant 200 fois ceux d'étiage. Ces différences considérables sont dues, en général, à une triple cause ; à une imperméabilité très grande du sous-sol archéogranitique, aux escarpements accentués de certaines montagnes, aux fontes rapides des neiges, aux nombreux orages de la région et à un déboisement néfaste. La régularisation de ces débits par l'établissement de réservoirs de barrage, destinés à des entreprises hydro-électrique (houille blanche) est à l'état de projet ou en bonne voie d'exécution sur un grand nombre de points. La seule Dordogne pourra fournir avec ses affluents, dans sa traversée du Massif, environ 400.000 chevaux. 3 barrages successifs de 90, 120 et 40 mètres sont prévus entre Bort et Argentat (Corrèze) et fourniront 160.000 H. P. Le second barrage (Chambon, Cantal) sera un des plus hauts du monde. Des usines hydro-électriques sont déjà en fonctionnement ou en construction sur la Sioule, le Cher, la Creuse, la Vézère, la Vienne, le Thaurion, la Truyère, le Bès, la Loire, etc. Rappelons que c'est à Bourganeuf (Creuse), en 1888, que le transport à distance de l'énergie électrique produite par une chute d'eau (de la rivière la Maulde 30ᵐ) fut pour la première fois utilisé par Marcel Desprez.

J'estime que l'on pourra trouver 2 millions de H. P. dans les cours d'eaux du Massif, ce qui correspond à 1/5 de la force produite par les rivières alpines de France. L'utilisation d'une telle énergie amènera dans quelques années, une modification profonde dans l'état industriel et économique de la région.

Les lacs et les tourbières. — Le Massif Central possède peu de lacs, encore sont-ils de faible étendue, mais par contre ils sont très instructifs en raison de la variété de leur origine. Ils représentent le reliquat de plus de 200 lacs quaternaires nés, en général, de l'action glaciaire ou volcanique.

Les *lacs volcaniques* actuels résultent du barrage d'une vallée par une ou plusieurs coulées de lave (lac d'Aydat, de Servières), ou par un cône éruptif (lacs Chambon, de Montcineyre), tandis que certains occupent un cratère ordinaire (lacs de la Godivelle et du Bouchet) ou une simple dépression dans un plateau basaltique (lacs de Bourdouze, d'Arcône). Les plus curieux qui sont, en même temps les plus profonds, remplissent une cavité d'explosion, tels sont le gour de Tazanat (66ᵐ), le célèbre lac Pavin (92ᵐ) (fig. 21) et le lac d'Issarlès (108ᵐ, Ardèche).

Parmi les lacs *d'origine glaciaire* (ou rocks-bassins) creusés par les glaciers, citons les lacs Guéry et de Chambedaze. Ceux de la Crégut, de Laspialade, des Esclauzes, de la Landie et probablement le lac Chauvet, résultent du barrage d'une vallée par une ou plusieurs moraines.

C'est le Massif des Monts Dore qui est le plus riche au point de vue limnologique, ce qui ajoute à l'attrait de ses paysages déjà si variés. Il existe aussi quelques lacs dans le Cantal (lacs de Menet, des Granges, etc.) et l'Aubrac (lac de St-Andéol).

Les moins profonds des lacs sont en voie de disparition, car ils sont progressivement envahis par les tourbières (BRUYANT). C'est de cette façon qu'ont disparu les 200 lacs quaternaires d'origine généralement glaciaire qui émaillaient les plateaux et les vallées des Monts Dore, du Cézallier et du Cantal, lacs aujourd'hui remplis par des dépôts tourbeux (creux du Joran, La Barthe, Redondel, etc.) dont l'exploitation en grand paraît prochaine.

De nombreuses tourbières existent également dans la Lozère, l'Aubrac et surtout dans la région des Millevaches. L'ensemble des dépôts tourbeux pourrait fournir dans le Massif Central environ 20 millions de tonnes de tourbe.

De multiples *étangs* sont parsemés dans le bassin de Montbrison et au S.-E. du Plateau Millevaches, entre la Celle et la Courtine.

(Fig. 6). **Les Pierres Jaumâtres.** — La région des Pierres Jaumâtres, près de Toulx-Sainte-Croix (Creuse) à l'O. de Montluçon, est des plus pittoresques, car elle représente un plateau granitique élevé dont les rochers sculptés par l'eau, comme le montre la figure, ont les aspects les plus variés et les positions les plus diverses, ce qui les avait fait considérer comme des monuments druidiques.

II

HISTOIRE GÉOLOGIQUE SOMMAIRE

Toute l'histoire du Massif Central, fragment de la chaîne hercynienne et noyau principal du sol français, est dominée par deux *périodes critiques,* qui sont en même temps deux *périodes d'édification,* de richesses et de *splendeurs physiques et biologiques :* la *période permo-carbonifère* et la *période tertiaire,* après l'Eocène. Les profonds changements subis furent provoqués par une succession d'événements orogéniques accompagnés d'éruptions volcaniques et de cycles de démolition et de décrépitude pendant lesquels l'érosion aqueuse, éolienne et glaciaire jouèrent le rôle principal. Je laisserai de côté, à *dessein,* l'histoire encore assez obscure du Massif Central avant le Carbonifère, période pendant laquelle ce territoire paraît avoir été émergé et mentionnerai seulement que les formations archéennes et algonkiennes constituent environ 1/3 du Massif, qu'elle sont pénétrées par les granites à mica blanc ou noir, dont l'extension est également très grande (1/3). Les Monts du Forez, le Morvan, une partie de la Margeride, du Vivarais et des Millevaches sont granitiques, tandis que le Limousin est surtout schisteux.

Le *Silurien,* découvert par M. Bergeron, n'existe que dans la Montagne Noire et le *Dévonien* s'observe dans cette dernière région ; au N.-E., dans le Beaujolais, le Charolais, le Mâconnais, le Roannais, le Forez (JULIEN, Michel Lévy, de Launay).

Mais il est possible qu'une grande partie des formations désignées sous le nom de Précambrien, parce qu'elles ne renferment pas de fossiles soient d'âge Dévonien. Telles sont les formations d'Aydat, de Berzet, de Sermentizon (Puy-de-Dôme), et peut-être d'une partie de la bordure du Massif Central, vers Brives.

CARBONIFÈRE

1o **Phase marine et volcanique (Dinantien).** — Au début du Carbonifère (Dinantien) la mer s'étend dans les synclinaux occupés par la mer dévonienne dans les régions précitées et au-delà jusque dans la Creuse, près d'Evaux. Elle y dépose des sédiments variés renfermant une faune très riche en Brachio-

podes : Spirifer, Productus, etc... Polypiers coraliens et quelques
Trilobites étudiés par JULIEN et Michel LÉVY. Dans ces dépôts,
sont intercalées de grandes coulées de microgranite, des tufs de
projection et des grès à anthracite renfermant la flore du *Culm*.

C'est à la fin de cette période que s'édifièrent sur une notable
partie du Massif Central de grands volcans porphyriques, qui

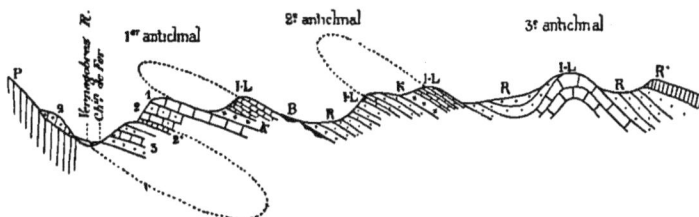

(Fig. 7). **Coupe au pied du versant sud de la Montagne Noire,
dans la Région de Saint-Chinian (Hérault), un peu à l'E. de
Pierrevue (d'après Depéret).** Cette coupe montre de la manière la
plus évidente que les terrains secondaires et tertiaires sur ce versant ont été énergiquement plissés au début de l'Eocène supérieur.
Ils forment 3 plis couchés, refoulés contre le Massif de la Montagne
Noire qui a servi de butoir et a été redressée par ces efforts provenant du soulèvement Pyrénéen.

P. Schistes paléozoïques de la Montagne Noire ; K. marnes irisées
et gypse du Trias (Keuper) ; I.-L. Infra-lias et Lias ; B. Poche de
bauxite ; R. Grès à Reptiles de Saint-Chinian.

R' Calcaires blancs de Rognac (Danien). Eocène : 1. Nummuliti-
que marin (Lutétien inférieur) ; 2. Calcaires à *Planorbis pseudo-
ammonius* ; 2' Calcaires avec bancs de lignite ; 3. Grès à *Lophiodon*
(Bartonien).

donnèrent des coulées, dont certaines sont intercalées au milieu
des sédiments, mais dont beaucoup se trouvent aujourd'hui à
l'air libre (Morvan).

Le nombre et l'étendue de ces volcans, dont les laves sont surtout des microgranites et des porphyres pétrosiliceux furent plus
considérables que ceux du Tertiaire. On peut dire que la moitié
du Massif (partie nord) était alors un territoire volcanique.

Il ne reste plus aujourd'hui de ces formations que des lambeaux importants de projections (tufs et brèches orthophyriques),
des coulées atteignant encore 50 kilomètres (Morvan), mais
surtout d'innombrables filons de porphyres et de rhyolites,
représentant les anciennes cheminées des vieux volcans carbonifères. GARDE a décrit à Pouzol-Chouvigny (Puy-de-Dôme), un
grand laccolite de microgranite, intercalé dans les micaschistes
et probablement d'âge dinantien.

**2° Phase (Premiers grands plissements hercyniens. —
Charriages. — L'Alpe centrale de France. —** C'est à la fin

du Carbonifère inférieur et durant le Carbonifère moyen (Westphalien) que se produisirent les premiers grands mouvements orogéniques qui devaient modifier d'une manière si profonde le relief et toute la géographie du Massif Central de l'époque. Ils se traduisirent sous la forme de plis simples ou de *nappes charriées,* parfois empilées, nappes analogues à celles que l'on observe dans les chaînes de montagnes récentes, comme les Alpes et qui présentent, à leur base, des écrasements de roches appelés *mylonites.*

L'existence de ces nappes, dont l'étude est commencée, a été découverte par M. TERMIER, qui pense, en particulier avec M. FRIEDEL, que le bassin houiller de Saint-Etienne reposerait sur 3 nappes pliées en fond de bateau.

Des charriages semblables ont été signalés par A. MICHEL LÉVY, dans le Lyonnais et à Saint-Léon (Allier), par MM. de Launay et Mouret, dans le Limousin, notamment le long de la faille dite d'Argentat (Corrèze) et j'en ai observé plusieurs le long de la dislocation, connue jadis sous le nom de grande faille du Forez, à Saint-Laurent sous Rochefort et Saint-Thurin (Loire); le long du grand chenal houiller, à Pontaumur et Puy Saint-Gulmier (Puy-de-Dôme) et en plusieurs points de la Creuse.

M. Bergeron a décrit des nappes westphaliennes dans la Montagne Noire, vers le Vigan, où il y a renversement de la série Cambrienne. Lors du ridement, il se produisit dans toute cette région une aire anticlinale dont l'axe correspond au massif gneissique et a son prolongement sous la région d'effondrement de Bédarieux. Cette partie axiale formée de Cambrien devait être recouverte par la série paléozoïque, mais les érosions en ont fait disparaître toute la partie postérieure au Cambrien; dont les assises forment auréole autour de lui. En certains points, comme à Laurens et à Cabrières, la poussée venant du S.-E. a refoulé sur le Carbonifère toute la série paléozoïque (Bergeron).

Il existe également des nappes au N. de l'Aigoual et dans toute la région des Cévennes.

L'effort orogénique paraît donc avoir été général dans le massif. Il aboutit à la formation de grands ridements qui faisaient partie d'une *chaîne de montagnes européenne appelée chaîne hercynienne* dont les plis, dans la région qui nous occupe, dessinent un "V" appelé V. hercynien. Les plis de l'W. sont dits *plis armoricains,* car ils se raccordaient à ceux de la Bretagne, tandis que les plis de l'E., appelés *plis varisques* rejoignaient ceux des Vosges. La *ligne de rebroussement* de ces plis semble voisine de la grande traînée houillère Noyant-Decazeville. La série des plis varisques a été bien mise en lumière par Michel

Lévy depuis l'extrémité nord du Morvan jusqu'au Pilat où l'on
ne compte pas moins de 9 anticlinaux et de 9 synclinaux N.-E.
coupés en biais et souvent à l'emporte-pièce, par des failles
tertiaires N.-S. le long de l'escarpe N.-O. (carte et coupe générale). Ceux de l'Ouest sont moins nets, car la région a été
plus dénudée. Le plus évident est celui qui est jalonné par la
vallée de la Creuse. Mais il y eut aussi de grandes failles de
décrochement.

La région du Massif Central située à l'W. de la grande
traînée houillère : Decazeville, Miécaze, Champagnac, Messeix

(Fig. 8). **La gorge de l'Allier à Saint-Ilpize (Haute-Loire).** —
Site très pittoresque de cette localité dont les maisons s'accrochent
aux escarpements de la vallée archéenne culminée par une masse
rocheuse représentant une ancienne cheminée volcanique. Au sommet, reste de château féodal (cliché du Syndicat du Velay).

est divisée en deux secteurs, par une *ligne de contact anormal*
de 160 kilomètres de long, mise en lumière et considérée jadis
par Mouret, comme une dislocation qu'il désignait sous le nom
de *faille d'Argentat* (Corrèze). Cette ligne qui est jalonnée par
plusieurs lambeaux houillers (Argentat, Orliac, Bostmoreau),
correspond à une *ligne d'affaissement brusque* entre Treignac

(Corrèze) et la Dordogne qui marquerait vraisemblablement la position d'un ancien chenal houiller [1].

Le secteur géographique délimité par cette ligne et la dislocation précitée constitue un plateau élevé de 700 à 1.000 mètres, dit *"Plateau d'Ussel"* comprenant principalement des granites à mica blanc, formant des dômes et des ballons au milieu d'un granite à mica noir, de schistes archéens ou précambriens. Ce territoire englobe au N. le Plateau de Millevaches, qui en est la partie culminante, ainsi que les Monédières et se poursuit jusqu'à Bourganeuf, Eymoutiers, Aubusson, Ussel et jusque près de Figeac. Il se raccorde au N.-E. avec le plateau de Bourg-Lastic, Laqueuille.

Le Plateau d'Ussel domine le secteur W. (de 300 à 600^m d'alt.) dit *"Plateau de Limoges"*, qui s'étend entre Tulle, Saint-Yrieix, Limoges et Confolens. Il est surtout schisteux et présente de nsmbreuses intercalations d'amphibolites, aussi est-il plus fertile, plus peuplé que le plateau d'Ussel, plus froid, plus aride, en partie déboisé et couvert de landes et de bruyères.

3º Phase (Stéphanien). — Formation des bassins houillers du Massif. — Découverte de nouveaux bassins : Le bassin Lyon-Givors-Ambérieu. — Continuation des éruptions volcaniques. —

Les mouvements hercyniens donnèrent naissance à des séries de cuvettes synclinales ou à des dépressions qui furent occupées par des lacs dans lesquels la sédimentation fut très active et suivait sans doute *l'enfoncement progressif ou saccadé* du fond du lac. Le remblaiement se fit à l'aide de matériaux entraînés par des torrents (Fayol) descendant des régions surélevées souvent anticlinales, recouvertes d'une végétation luxuriante. Mais comme dans certains bassins, tel que celui de Saint-Etienne, on trouve des souches et des *tiges enracinées sur place* Grand'Eury qui en a fait une étude spéciale, pense que leurs cimes s'étant développées dans l'air, elles témoignent que les roches où elles gisent se sont déposées sous une faible tranche d'eau, qui baignait seulement le pied des arbres, Pour ce géologue, le sol de dépôt et les bassins se sont affaissés et creusés pendant la formation, " et les couches de houille se seraient constituées au fond et au bord des bassins marécageux dans un milieu humique et non dans des lacs ".

La connaissance de la tectonique carbonifère actuelle des

---

(1) D'après MOURET, la dépression d'Argentat séparerait une *zône écrasée* du massif schisteux ou granitique avoisinant la faille et serait formée principalement de roches écrasées *(mylonites)* appartenant au plateau granitique d'Ussel. Il y aura lieu de rechercher, si possible, dans le plateau de Limoges, les restes des nappes ayant produit ces écrasements.

O. Chaîne des Puys ———×————— L I M A G N E ———————— × F O R E Z E

Sivale
670
740

1150
1030

100
Côtes de Clermont
826
623

Duriol
220

Pont-du-Château
Allier
369   309

Lezoux
360

Thiers
450

Dore R.
100

160

Am³
m. βm¹
a¹ᶜ

a¹ᵃ

ζ γ₁

F f   f   St¹   f   St²   f   St¹   f   St¹   F   ζ γ₁

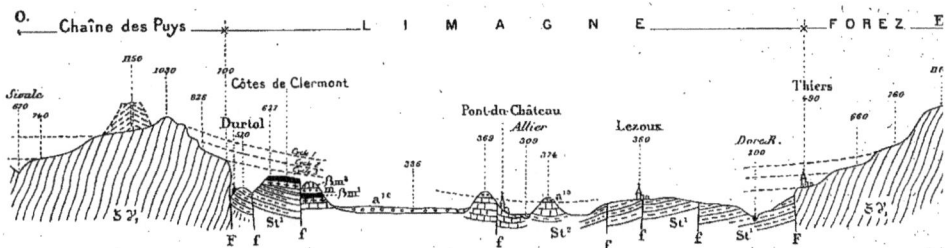

(Fig. 9). **Coupe E.-O, à travers la Chaîne des Puys, la Limagne et le flanc O. du Forez.** Echelle. — Les terrains de la Limagne sont disloqués par des séries de failles en échelon f, qui enfoncent l'Oligocène vers le centre du géosynclinal et le relèvent sur les flancs des anticlinaux. F, failles bordières ; ζ γ, Formations archéo-granitiques ; St, Stampien ; Bm 1. Bm 2, plateaux basaltiques, a ¹ᵃ, a ¹ᶜ, alluvions quaternaires de l'Allier. 4 cycles d'érosion sont indiqués.

bassins houillers et de leur mode de remplissage est importante, car elle permet de guider les recherches minières, telles que celles qui se poursuivent actuellement pour connaître le prolongement de certains bassins, comme celui de Saint-Etienne.

Les sondages dirigés par un groupe de géologues : MM. TERMIER, FRIEDEL [1], DEPÉRET, KILIAN, ont permis de reconstituer, sous les morts terrains (Tertiaire et Secondaire) des plaines du Rhône, de l'Ain et de la Bourbre, un *bassin houiller, plus étendu que celui de Saint-Etienne*, dont il n'est que le prolongement, mais moins riche en combustible que ce dernier.

Ce *nouveau bassin*, s'étend sur 60 kilomètres : de Givors, à La Verpillère, Ambérieu, jusqu'aux portes de Lyon (à 6 kil. à l'E.)

La traînée houillère Saint-Etienne-Lyon-Ambérieu ne le cède en rien comme dimensions au bassin houiller français du Nord.

C'est l'application des données géologiques qui a permis cette reconstitution remarquable, rappelant celle de la Campine, en Belgique.

Des recherches sont également entreprises dans le même but entre Moulins et la Machine, dans la vallée de la Loire et de l'Allier pour déterminer le prolongement du bassin houiller de Noyant.

Le remplissage de certaines cuvettes commencé avant le houiller se continua pendant une partie du Permien (Autun, Blanzy, Brives, etc.). Les bassins houillers logés dans les dépressions synclinales hercyniennes de l'E. du massif sont ceux d'Epinac, de Blanzy, de Sainte-Foy-L'Argentière, de Saint-Etienne. Sur le pourtour se trouvent ceux de Bessèges et la Grand'Combe, de Carmaux et Brives. A l'intérieur et isolément citons ceux de Graissesac, de Saint-Geniez, ceux de Langeac et Brassac (ces derniers recouverts par l'Oligocène).

Ceux de Decazeville, de la Guépie, Najac, Saint-Mamet, Champagnac, Messeix, Saint-Eloy, Noyant forment la grande traînée N.-N.-E. du massif; ils paraissent bien s'être formés dans une *longue dépression*, probablement continue, de largeur irrégulière dont le fond s'enfonçait par saccades pendant que les bords s'exhaussaient. Ces dépôts furent ensuite comprimés durant le Permien, fracturés au Trias et soumis à de nouveaux mouvements durant l'Oligocène et le Miocène; aussi présentent-ils d'importantes dislocations, des redressements verticaux et des broyages de couches et parfois même des *renversements*. Au nord du massif s'étendent les bassins de Commentry, Doyet,

(1) Ces renseignements m'ont été très aimablement fournis par M. FRIEDEL qui est le principal organisateur des recherches.

(Fig. 10). On remarquera la position des volcans situés sur des territoires effondrés comme la Limagne ou en relation très voisine avec ces territoires (v. coupe générale). Cette trainée volcanique de 150 kilomètres de long a donné naissance à un réseau hydrographique particulier d'où partent quatre collecteurs principaux : la Sioule, la Dordogne, le Lot et l'Allier.

Decize, et à l'O. ceux de Lavaveix et de Bostmoreau. Ce dernier ferait partie d'une autre dépression étudiée par Mouret.

Tous ces bassins houillers sont caractérisés par des dépôts d'une grande puissance, de quelques centaines de mètres à 2.500 mètres (Saint-Etienne). Contrairement aux dépôts houillers du Nord qui sont d'un autre âge (Westphalien) et parfois marins ou lagunaires, tous les dépôts du Massif Central sont d'eau douce et présentent, non comme les premiers de petites et nombreuses couches régulières de houille, mais des couches parfois épaisses et peu abondantes, atteignant jusqu'à 12 mètres.

Enfin, les bassins du Massif Central offrent encore un autre caractère important; ils renferment fréquemment des intercalations de coulées de lave, de microgranite, porphyre, orthophyre et basalte accompagnées parfois de tufs de projections, de cinérites à plantes (Decazeville, Commentry, Ahun, Saint-Etienne et Autun), ce qui prouve que *l'enfoncement des bassins*, durant leur formation, fut accompagnée de fractures suffisamment importantes, pour permettre la sortie du magma fondu interne. C'est là d'ailleurs une observation d'ordre général, qui se répétera durant le Tertiaire.

L'activité volcanique qui avait débuté au Dévonien dans le Massif Central, se continua non seulement durant tout le Carbonifère (houiller y compris), mais aussi jusqu'à la fin de l'époque suivante (Permien). Aux environs de Figeac, à La Capelle Marival, Decazeville, Mauriac, MM. Mouret, Bergeron, Boule et Thévenin ont pu reconstituer quelques-unes des anciennes cheminées des volcans stéphaniens, qui, en d'autres points donnèrent des filons ou des *coulées intrusives,* cuisant le charbon et le transformant en coke (Commentry). A Bourganeuf et Bostmoreau, j'ai signalé des venues de *rhyolites* et de porphyre pétrosiliceux. Dans le bassin de Saint-Etienne, les éruptions furent accompagnées d'émissions siliceuses qui pétrifièrent les végétaux (flore spéciale des calcédoines).

Les *flores* si riches, qui forment la houille stéphanienne du Massif Central appartiennent surtout aux 3 séries des Cordaïtées, des Cycado-Filicinées et des Calamodendrées.

Tandis que de nombreux Poissons, dont quelques-uns étaient particulièrement curieux par leurs caractères synthétiques (*Pleuracanthus Gaudryi* trouvé à Commentry) peuplaient les lacs houillers, les abords étaient animés par une foule d'Insectes, dont certains atteignaient jusqu'à 70 centimètres d'envergure (*Meganeura*).

(Fig. 11). **Clermont-Ferrand** encadrée de volcans de divers âges est bâtie sur un ancien cône volcanique surbaissé, quaternaire, formé de projections volcaniques mélangées à des projections du soubassement oligocène (calcaires, arkoses). — La vue est prise du côté Nord. A l'horizon, à droite, on aperçoit la colline de Gergovie et son plateau basaltique miocène, et à gauche, plus éloignées, plusieurs autres collines volcaniques de la Limagne (Puys de Corent, de St-Romains, etc.)

PERMIEN

Nouvelle série de bassins houillers. — Schistes bitumeux. — Deuxième grand mouvement hercynien. — Continuation de l'activité éruptive. — A l'époque permienne certains bassins houillers stéphaniens continuèrent à s'enfoncer et à se remblayer, tels les bassins d'Autun, de Blanzy, de Brives où l'on observe une concordance de dépôts. En beaucoup de points, au contraire il y eut formation de nouvelles dépressions occupées exclusivement par des dépôts détritiques, avec parfois des couches de houille à flore exclusivement permienne.

Le bassin houiller et Permien d'Epinac-Autun est particulièrement instructif, bien qu'il ne comprenne que le Permien inférieur car il est constitué par des grès, des calcaires magnésiens et des schistes bitumineux, et des *bogheads,* formés exclusivement par une accumulation d'algues spéciales appelées *Pila* (BERTRAND, RENAULT). On y a recueilli également une faune très remarquable d'Amphibiens et de Reptiles (les premiers parus), étudiés par GAUDRY, BOULE et GLANGEAUD (*Protriton, Actinodon, Euchirosaurus, Callibrachion,* etc.)

Les schistes ardoisiers de Lodève ont fourni également une belle flore permienne (*Walchia, Callipteris,* etc.)

Les autres bassins permiens sont ceux de Brive (surtout gréseux), du Rouergue, ceux d'Espalion, de Rodez, de St-Afrique, du Bourbonnais (Bourbon-l'Archambault, Buxières), de Decize et de St-Sauves (Puy-de-Dôme), dans lequel dominent des sédiments de couleur rouge vineux, des schistes bitumineux à insectes, tandis qu'à Souvigny on trouve des végétaux silicifiés.

Le Permien du Massif Central ne comprend que les étages inférieur et moyen. C'est à la fin du Permien inférieur que se place la *seconde et grande période de plissements hercyniens*, qui fut moins considérable que la première. Ces mouvements mirent fin à la sédimentation des bassins permiens qui furent exondés et parfois disloqués et c'est sur leurs tranches que reposent les couches triasiques.

Les éruptions volcaniques furent encore nombreuses durant le Permien. Il faut signaler spécialement les roches lamprophyriques (basaltes et labradorites) épanchées sur la bordure Nord du bassin d'Autun. De nombreux filons d'orthophyre et de porphyrite s'observent dans une grande partie du Massif Central et recoupent souvent les filons de microgranite (Forez, Thiers, etc.)

L'héritage du Permo-Carbonifère. — Topographie et métallogénie. — Les époques Carbonifère et Permienne furent pour le Massif Central des époques de *grandeur physique* et *biologique,* en même temps que de *richesses minérales* et *végétales.* Si l'Alpe Centrale permo-carbonifère a été en partie arasée, les racines de beaucoup de ses plis et de ses dislocations persistent; aussi cette longue période orogénique et volcanique a-t-elle légué au Massif Central une *géographie spéciale,* qu'il est *indispensable de connaître* pour comprendre le relief actuel. L'architecture Permo-Carbonifère, en effet, n'a pas été

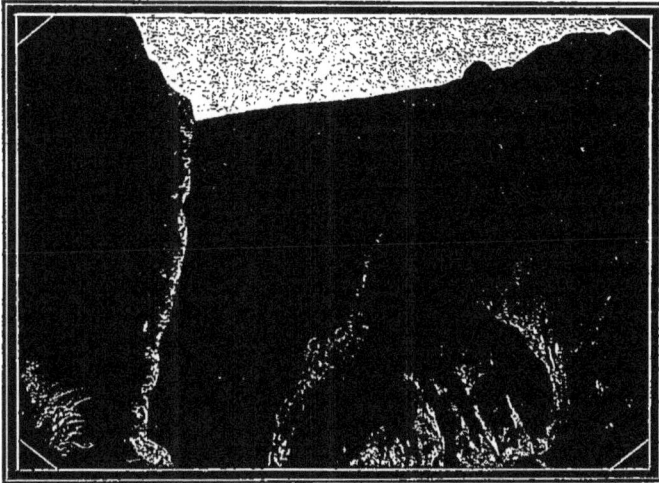

(Fig. 12). **Intérieur du cratère du volcan quaternaire de Beaumont, près de Clermont-Ferrand.** — Ce petit volcan, très instructif, laisse voir l'intérieur de son cratère de projections déblayé par la main de l'homme qui emploie les scories, cendres et pouzzolanes comme matériaux de construction. On aperçoit à droite le reste du culot volcanique basaltique qui a fermé le fond de l'orifice cratérique. Ce volcan a donné une coulée de lave formant plateau au N. de Beaumont.

effacée, partout, par les mouvements ultérieurs, elle n'a été parfois que gauchie ou peu modifiée par les mouvements tertiaires.

La Bretagne hercynienne est moins usée que le Massif Central, aussi son territoire présente-t-il l'avantage de posséder des restes de plis ou des racines de plis.

L'escarpe orientale N.-S. qui a conservé une grande partie de son architecture ancienne, parce qu'elle a été jadis plus affaissée, coupe en biais les traits tectoniques hercyniens N.-E.

du Massif ancien, encore bien représentés et soulignés par les bassins houillers et permiens.

La Montagne Noire où les mouvements hercyniens sont remarquablement évidents ne serait, d'après Suess, qu'un rameau autonome des Altaides incorporé au Massif Central par des contours communs, mais se distinguant de ce Massif par une direction différente et par des charriages évidents. Nous avons vu plus haut que cette région rentre au contraire dans le cadre du Massif.

En dehors des plis varisques et armoricains, le Massif présente de grandes fractures, d'âge Permo-Carbonifère et triasique, souvent des *décrochements* jalonnés par de grands filons de quartz, véritables chemins d'ascension des sources minérales de l'époque. Signalons le magnifique filon d'Evaux (Creuse), Saint-Maurice, Biollet (Puy-de-Dôme), qui mesure plus de 40 kilomètres et se prolonge par les filons aurifères du Châtelet (de Launay), celui de Faux-Mazuras-Bourganeuf, ceux très nombreux du Forez et du Livradois, etc.

La période Permo-Carbonifère fut, sur une grande partie du Massif, une période d'édification de *grands volcans*, à laves variées dont la sortie fut accompagnée ou suivie d'un cortège *d'émanations métallifères* et de *sources minérales* des plus importantes. On peut dire que les 2/3 des richesses minérales du Massif Central sont un héritage du Permo-Carbonifère et du Permien. C'est non seulement la houille, les schistes bitumineux, mais aussi les filons de plomb, d'étain, d'argent, d'antimoine, d'arsenic, de fer, de zinc, de cuivre, d'or, de tungstène, d'uranium, de composés du radium, qui se formèrent à cette époque, en même temps que les filons de quartz, d'améthyste, de fluorine, et la plupart des barytes, etc.

Parmi les gisements les plus importants, citons les suivants:

Kaolin des Colettes (Allier), Saint-Yrieix (Haute-Vienne). *Etain* de Vaulry, Cieux, Chanteloube (Haute-Vienne); Montebras (Creuse); *Tungstène (Wolfram)* de Saint-Léonard (Haute-Vienne), Meymac (Corrèze), Echassières (Allier);

Antimoine (Stibine) de Saint-Yrieix, Villerange, Mérinchal (Creuse); environs de Blesle et Massiac (Haute-Loire et Cantal).

Cuivre de La Prugne (Allier); *Zinc* (blende), de Massiac; *Plomb (galène argentifère)* de Pontgibaud, Châteauneuf, Auzelles (Puy-de-Dôme), Paulhaguet, La Voulte-Chillac (Haute-Loire), Vialas (Lozère), environs de Nontron, Confolens, Avallon.

Or de La Bessette (Puy-de-Dôme), du Châtelet (Allier). De

(Fig. 13). **Le Puy en Velay.** — Une des villes les plus pittoresques de France, bâtie en amphithéâtre dans un bassin oligocène et entourée d'un cercle de collines volcaniques. Est curieusement accidentée elle-même par d'énormes rochers volcaniques (Rochers Corneille, Saint-Michel, d'Espaly) couronnés d'églises et représentant des restes de cheminées volcaniques ou de couches de projections également volcaniques (cliché du Syndicat du Velay).

nombreux filons de *mispickel aurifère* existent dans l'Ouest du Puy-de-Dôme et le N.-O. du Cantal.

Améthystes du Vernet-la-Varennes (Puy-de-Dôme); *barytes* et *fluorines* des environs de Paulhaguet et Brioude (Haute-Loire) et de La Roche Cornet (Puy-de-Dôme); *fibrolites* de St-Ilpize (fig. 8) et alentours (Haute-Loire).

Une prospection méthodique a permis de reconnaître durant ces dernières années de nouveaux gisements minéraux et métallifères dont le nombre et l'importance augmenteront encore.

ÈRE SECONDAIRE

La Presqu'île, l'Ile et l'Archipel centraux. — Leurs lagunes et leurs ceintures de récifs. — Avec la fin du Permien et le début du Secondaire, la chaîne hercynienne se *fragmente* et le Massif Central acquiert définitivement son autonomie *géographique*, par la formation des détroits du Poitou et de Dijon qui le séparent des massifs Armoricain et Vosgien. Durant la longue série des temps secondaires, ses montagnes seront arasées et leurs débris transportés par les cours d'eau dans toutes les directions contribueront à former cette série de ceintures sédimentaires (Lias, Jurassique, Crétacé) qui l'enveloppent sur les deux tiers de son pourtour et lui constituent des *marges chaudes* (Terres chaudes) et un cadre harmonieux de grès, d'argiles, de marnes et de calcaires variés dont les derniers lui reviendront, en partie rapportés par l'homme, pour la construction des habitations ou comme engrais des terres *froides et siliceuses de l'intérieur.*

Le Massif Central, entouré de lagunes, reste encore rattaché au Massif Armoricain durant le Trias, mais dès le début du Lias, la séparation est complète entre les deux régions et la mer réunit les bassins de Paris et d'Aquitaine par le détroit du Poitou. Par suite de la transgression des mers Jurassiques, qui empiètent de plus en plus sur l'*île centrale* celle-ci est recouverte de sédiments dans la région de Rodez, Figeac, en même temps qu'une partie des Cévennes, de la Margeride et probablement du Vivarais deviennent territoires marins. Il en est de même du Mâconnais, du Charolais et d'une partie du Morvan. L'île centrale, *très réduite,* est devenue, au Bajocien un *archipel de trois îles.* Une sédimentation active se poursuit surtout sur l'emplacement des Causses qui est un véritable *géosynclinal.* Mais aux périodes suivantes (Callovien, Oxfordien), il se produit ensuite une régression et l'île centrale est entourée d'une *ceinture de récifs* qui s'édifient près de ses rivages parisiens (Yonne : Tonnerre, Châtel-Censoir) et aquitanien (Charente : La Rochefoucauld) et à la fin de la période, dans le bassin rhodanien.

L'île est couverte de forêts de Cycadées, de Conifères, de Fougères, d'Angiospermes, tandis que les mers qui l'environnent sont peuplées d'une faune très riche d'Invertébrés (Céphalopodes, Spongiaires, Brachiopodes) et de grands Sauriens (Ichtyosaures, Plésiosaures, Téléosaures et Tortues).

A la fin du Jurassique, il y a fermeture du détroit du Poitou. La communication des bassins de Paris et d'Aquitaine reprend au

(Fig. 14). **Polignac, près du Puy (Haute-Loire)**, bourg bâti autour d'un imposant rocher sur lequel il existe encore des ruines d'un formidable château féodal. Ce rocher, sorte de table de 100 mètres de haut, est constitué par des brèches basaltiques (projections volcaniques) reposant sur des alluvions sableuses dans lesquelles on a recueilli des restes de *Mastodon arvernensis*.

Cénomanien jusqu'à la fin du Crétacé. Mais les rivages maritimes sont déjà éloignés, en général, de l'île qui est devenue une grande terre, plus étendue qu'aujourd'hui, car la mer est rejetée vers les Pyrénées, les Corbières, au centre de l'Aquitaine et du bassin parisien. Il y eut une fixité assez grande de la côte vers l'Ardèche durant le Secondaire et un déplacement considérable des rivages de l'Ile centrale.

Les terrains secondaires constituent les auréoles du Massif, mais ces bordures jadis continues, sont aujourd'hui morcelées

dans les régions N.-E., S.-E., car elles ont été découpées en voussoirs, portées à des altitudes variées sous l'influence des mouvements tertiaires qui les ont relevées parfois à plus de 1.400 mètres
(Cévennes, Causses) (fig. 3). Dans certains cas, les dépôts n'existent plus que décalcifiés sous la forme d'argiles à silex (argiles à
chailles) que l'on observe à des hauteurs atteignant aussi de
1.000 à 1.400 mètres dans le Velay et la Lozère.

ÈRE TERTIAIRE

**Le Plateau Central doublement heurté par les ondes pyré-
néennes et alpines devient un Massif Central-butoir qui se
couvre de grandes dépressions lacustres.** — La fin du Secondaire coïncide avec la fin d'un cycle d'usure de l'île centrale de
la France, devenue une région basse et très aplanie (pénéplaine).

Au début des temps tertiaires (Eocène), le Plateau Central,
brûlé par un soleil torride, comme certains territoires africains
actuels (Soudan, Guinée et Sénégal) était recouvert d'une terre
d'altération rouge vif, ferrugineuse et alumineuse, appelée
latérite, conservée en certains points privilégiés. La flore était
pauvre et tropicale.

C'est à la fin de l'Eocène (Lutétien) que le Plateau Central
commence à sortir d'un long sommeil physique. Son relief va
être rajeuni ensuite, soit sous l'influence d'efforts dynamiques
(tangentiels et verticaux), soit par la sortie en de nombreux
points de sa surface de laves et de projections. Des montagnes
volcaniques, parfois grandioses (car elles compteront parmi les
plus considérables du globe) seront alors *surajoutées* à un nouveau relief. Et ainsi, sous cette *double influence* orogénique et
volcanique, le Plateau Central deviendra le Massif Central.

Les efforts dynamiques qui érigèrent au Lutétien, la région
pyrénéenne en chaîne de montagnes de plus de 3.000 mètres
d'altitude eurent leur répercussion sur le bord Sud du Plateau
Central (Montagne Noire), qui fut fortement redressé par le
refoulement et le renversement vers le Nord à la fin de l'Eocène
moyen, des terrains secondaires et Eocène (fig. 7) (DEPÉRET,
NICKLÈS, BERGERON, DONCIEUX).

Les Cévennes méridionales jusqu'à Privas paraissent bien
avoir participé à ces mouvements qui déterminèrent dans l'intérieur du plateau, la formation des dépressions lacustres éocènes
(Menat, Le Puy et probablement le début de la Limagne), où
l'on recueille des flores Lutétiennes (LAURENT, MARTY). Vers

les Coirons, l'Eocène moyen fluvio-lacustre fut démantelé par les mouvements antéoligocènes.

Les recherches récentes de MM. TERMIER, KILIAN, BOUS-SAC, etc., ont montré que la *chaîne alpine était plus vieille* qu'on le pensait. Les grands charriages et la masse principale de la chaîne existaient déjà aux temps oligocènes. Ces grands plisse-ments qui réduisirent en certains points, la largeur du territoire alpin de plus de 150 kilomètres, eurent comme corollaire, de modifier profondément l'un des butoirs (en l'espèce le Plateau Central) contre lequel ils étaient poussés. La propagation des

(Fig. 15). **Bourg de Mirabel (Ardèche).** — Ce bourg avec ses restes de fortifications offre une situation pittoresque à l'extrémité Sud d'un des lobes basaltiques des Coirons (visible à gauche). Il domine une partie du bas Vivarais et le plateau des Gras. C'est sous ces coulées qu'on observe des alluvions avec galets volcaniques du Mézenc renfermant une faune classique de mammifères du Miocène supérieur (v. texte).

ondes alpines releva brusquement son bord oriental qui prit une direction S.-N. et fit naître dans son intérieur de nom-breuses cuvettes et de grandes dépressions dont certaines (Limagne supérieure d'Issoire) furent d'abord saumâtres et communiquèrent à l'Oligocène inférieur avec les lagunes du bassin du Rhône (environs d'Alais et de Barjac (M. LÉVY, MUNIER-CHALMAS, GIRAUD).

Mais l'effort dynamique continuant dans les Alpes, les dépressions synclinales s'enfoncèrent progressivement, pendant que s'élevaient les régions anticlinales qui les encadraient. Ainsi prirent naissance sur l'emplacement de la vallée de la Loire : les bassins du Puy, de Montbrison et de Roanne puis sur celui de l'Allier : la série des Limagnes de Brioude, d'Issoire et de Clermont-Moulins. Et enfin, se reconstitua une longue dépression sur l'emplacement de l'ancien et grand chenal houiller Decazeville, Mauriac, Bort, Noyant. Il faut signaler aussi des dépressions moins étendues telles que celles d'Ambert, de Montluçon et de Gouzon (Creuse); mais l'influence des ondes alpines ne se propagea guère à l'W. de l'ancien chenal houiller. Le double mouvement de surélévation continu ou par saccades, des régions anticlinales et d'enfoncement des régions synclinales, parallèles dans leur ensemble à la bordure orientale, ou épousant d'anciennes directions hercyniennes, eut pour résultat de créer dans les dépressions, durant tout l'Oligocène, un cycle de sédimentation qui fut particulièrement actif dans la Limagne *(v. coupe générale).*

J'ai montré, en particulier, que pour les bassins de Montbrison, d'Ambert et de la Limagne, sur les deux versants du Forez il existe une *véritable cuirasse* de dépôts détritiques grossiers (poudingues, grès, argiles ou grès latéritiques) aujourd'hui redressés sur les deux flancs, et comparables, à ceux que l'on observe sur les flancs des montagnes en voie de surrection, comme les Pyrénées (Poudingue de Palassou).

Le Géosynclinal lacustre de la Limagne. — Sa faune et sa flore tropicales et ses premiers volcans. — Dans son ensemble, la Limagne constitue un grand oasis sédimentaire, aux riches cultures, aux collines pittoresques, parcouru dans toute sa longueur par l'Allier et limité par deux rebords cristallins (granite et archéen), provenant de failles bordières jumelles de plus de 150 kilomètres de long, jalonnant le pied de deux régions surélevées : les monts du Forez et le Livradois à l'Est, le substratum de la Chaîne des Puys et des Monts-Dore à l'Ouest. Cette sorte de gouttière de 150 kilomètres de long, dont la largeur atteignait jusqu'à 45 kilomètres, qui est un *géosynclinal lacustre* oligocène, déblayé en partie de ses sédiments par l'érosion de l'Allier et de ses affluents, débute vers le haut Allier, Langogne, Paulhaguet et se poursuit jusqu'à la vallée de la Loire en plongeant vers le bassin de Paris (fig. 1 et 9).

Il s'y est accumulé près de 1.500 mètres de dépôts variés (latérites, poudingues, grès, arkoses, marnes, calcaires et calcaires marneux, calcaires oolithiques à phryganes et à silex) renfermant à la base une faune saumâtre (M. LÉVY, MUNIER-CHALMAS, GIRAUD), et à la partie moyenne et supérieure une faune pauvre en Invertébrés mais particulièrement riche (une des plus riches et célèbres du monde) en Vertébrés (faunes de

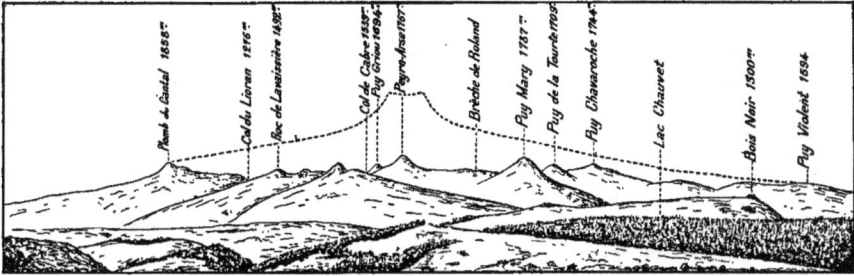

(Fig. 16). Vue du **Volcan du Cantal**, prise de Vassivières, au sud du Sancy, avec (en pointillé) un essai de reconstitution du profil du volcan primitif dont l'altitude atteignait environ 3.000 mètres (croquis de Gelly). A gauche, planèzes de Saint-Flour. La double pente de l'ancien cône ressort avec évidence.

3

en Vertébrés (faunes de Cournon, Chaptuzat, Saint-Gérand-le-Puy, etc.). Cette faune tropicale a été étudiée par de nombreux naturalistes : POMEL, OUSTALET, FILHOL, MILNE-EDWARDS, etc.).

Les bords du grand lac, qui communiqua d'abord avec le bassin du Rhône, puis vraisemblablement avec le bassin de Paris (couches à Cyrènes et à Diatomées marines (HÉRIBAUD), étaient couverts d'une flore de palmiers, de lauriers-roses, de camphriers, de mimosas, de magnolias, de bouleaux (flores de Ravel, de Gergovia, etc., étudiées par l'abbé BOULAY, MARTY). La population animale était nombreuse et très variée, aussi bien dans le lac que dans ses environs où il existait des troupeaux de petits ruminants, de grands pachydermes (Anthracotherium) de rhinocéros, de rongeurs voisins des loirs, des écureuils et des castors. Les ancêtres du chien (AMPHICYON), vivaient là en compagnie des précurseurs des loutres, des martres, des civettes et de quelques marsupiaux apparentés aux sarigues.

Plusieurs espèces de tortues, de poissons et des crocodiles, comparables à ceux du Nil, complétaient cette population aquatique à laquelle s'ajoutait une multitude d'oiseaux d'espèces variées : canards, plongeons, mouettes, cormorans, flamants, marabouts, faune ornithologique dont la physionomie rappelle celle des grands lacs africains actuels.

Les efforts dynamiques qui contribuèrent à la formation des bassins lagunaires et lacustres, produisirent dans les bassins où l'enfoncement rapide était maximum, comme la Limagne, des séries de fractures par lesquelles commença à s'échapper le magma fondu sous forme de coulées, qui s'épanchèrent *dans le lac* (Côtes de Clermont, Chanturgue et probablement Gergovie), et de projections, qui se mélangèrent aux dépôts de cette époque (pépérites pro-parte) ou formèrent des cônes de cendres et de scories enfouis sous les sédiments oligocènes puis exhumés à nouveau par l'érosion (Puy de Crouelle, fig. 28). Ainsi débuta de nouveau à *l'Oligocène* le phénomène volcanique sous des influences analogues à celles qui l'avait déclanché au Devonien et au Carbonifère. Il devait s'étendre durant toute l'ère tertiaire et quaternaire dans une notable partie du Massif Central.

Les premières coulées volcaniques qui forment aujourd'hui une partie des plateaux de la Limagne, couronnant un support tertiaire ne sont donc pas toutes épanchées à l'air et postérieurement à l'Oligocène, comme on le pensait, mais elles ont été parfois *ramenées au jour par érosion*.

A la fin de l'Oligocène l'exondation de tous les bassins lacustres du Massif Central était presque complète.

(Fig. 17). **Le Cirque de Mandailles** (tête de la vallée de la Jordanne), creusé dans le Massif volcanique du Cantal, est en partie glaciaire. Il est dominé à droite par deux collines phonolitiques (Puys de Griou et Griounot); au fond, par le Puy Mary (non visible) et par le Puy de Bataillouse.

Les dislocations miocènes. — Régions effondrées et régions surélevées. — Failles bordières externes et internes. — La mosaïque massif centralienne.

Le double effort dynamique pyrénéen et alpin qui se continua durant le Miocène, amena un redressement considérable du relief à l'E. et au S.-E. où il acheva de donner naissance à l'escarpe bordière qui limite ce Massif sur ces deux côtés. Le maximum de surélévation eut lieu dans la région de superposition des deux influences dynamiques (Cévennes méridionales : de l'Aigoual au Mont Lozère et au Vivarais) où les terrains archéo-granitiques atteignent leur plus grande altitude (de 1.550ᵐ à 1.702ᵐ) et où devait se produire *nécessairement* un nœud hydrographique important.

D'une manière générale, il y eut durant le Miocène, un relèvement de l'Oligocène sur les flancs des anticlinaux et enfoncement vers les axes synclinaux (Limagne) avec voussoirs en échelons (fig. 9 et planche II).

Le bassin de Montbrison est un bassin monoclinal, avec relèvement sur le flanc du Forez, tandis que le bassin du Puy présente dans la région médiane un voussoir archéo-granitique N.-W. surélevé (Blavozy, La Voulte-sur-Loire), séparant actuellement le bassin primitif en deux bassins secondaires : le bassin du Puy et le bassin de l'Emblavès. Dans le Cantal, le surélèvement se fit également suivant une direction N.-W. (BOULE).

L'amplitude de ces mouvements, qui découpèrent l'Oligocène et leur substratum en une série de voussoirs exhaussés ou effondrés, fut inégale suivant les régions. Les couches oligocènes furent portées sur les flancs des Monts-Dore et du Cézallier à plus de 1.100 mètres d'altitude et enfoncées vers le centre (Limagne à plus de 1.000ᵐ de profondeur). Si l'on tient compte des altitudes actuelles on peut dire que les dénivellations totales atteignent plus de 1.200 mètres dans la Limagne et 400 mètres dans le Cantal (l'Oligocène est à 600ᵐ à Aurillac et à 1.000ᵐ à Dienne).

Le rajeunissement pyrénéo-alpin du Massif n'est donc pas uniforme et ne s'est pas effectué partout de la même manière. Dans le Charolais, le Mâconnais et le Lyonnais, les ondes alpines firent surgir non-seulement le manteau du Secondaire, qui s'étendait depuis le Vivarais jusqu'au Jura, mais aussi le substratum hercynien. Si l'ensemble était relevé S.-N. il se produisit aussi une série de voussoirs orientés N.-E. comme les plis hercyniens, sur les flancs desquels s'alignent les terrains Jurassiques, il y eut en outre (M. LÉVY) superposition de cassures N.-O. à ces deux systèmes de dislocations, dont les unes sont des dislocations hercyniennes ayant rejoué de nouveau.

Les Causses et leur bordure sont intéressés également par de grandes failles de direction générale E.-O., parallèlement à l'axe de l'ancien géosynclinal Jurassique qui, avec des failles

(Fig. 18). **Le Mont-Dore**, station thermale bâtie dans la vallée glaciaire de la Dordogne, creusée dans le volcan du Sancy dont on aperçoit le sommet à l'horizon. A droite, dôme trachytique du Capucin. (Cliché Guide Cany-Percepied : Le Mont-Dore, La Bourboule).

N.-S. relèvent les terrains secondaires dans les Cévennes jusqu'à près de 1.400 mètres d'altitude (Plateau de Montbel, Mercoire, Mont Lozère) (fig. 3). Certaines de ces failles jalonnent la chape volcanique de l'Escandorgue qui traverse l'éperon N.-E. de la Montagne Noire.

"La zône plissée alpine du Bassin du Rhône *prend appui* contre le Massif Central, d'abord par ses plis alpins, puis par ses plis pyrénéens, mais le contact de La Voulte à la Vidourle, entre ces plis et le massif ancien n'est pas direct, car partout s'intercale une bande d'architecture plissée où le Secondaire haché par des failles donne au sol un relief spécial". (BARRÉ.)

A l'Ouest, le bord W. du Massif Central est limité en partie par des failles bordières (faille N.-N.-E. de Villefranche-de-Rouergue, prolongeant celle de la traînée houillère, faille N.-O. du bassin de Brives se continuant jusqu'à Nontron, etc. Cette dernière est parallèle aux failles et aux plis N.-O. qui *traversent le détroit du Poitou* et s'étendent du Massif Central à la Bretagne, épousant ainsi la direction des anciens accidents hercyniens, dont elles ne sont qu'une renaissance.

Centres de convergences de failles. — La compression et l'écrasement du Massif. — Le Massif Central offre *trois centres* importants de *convergences de fractures anciennes* (permo-carbonifères) et *tertiaires*[1] qui jouent un rôle très marqué au point de vue oro-hydrographique.

Le premier est celui de Decazeville-Asprières où convergent les failles d'Espalion, Asprières, Villefranche, Maurs et Argentat. Ce territoire a été d'abord un lieu d'élection de bassins houillers et d'éruptions carbonifères, puis une zône déprimée ayant permis la communication des mers Jurassiques des Causses et de l'Aquitaine, et enfin une zône d'affaissement dans laquelle se sont déposées des formations oligocènes assez étendues, disloquées postérieurement.

Le deuxième centre comprend le faisceau de failles des environs d'Alais dont les unes, de direction N.-E. (direction de l'anticlinal des Cévennes), abaissent le Secondaire en échelon (Bas Vivarais : Les Gras, Vals, Aubenas, Privas) et les autres de direction E.-W. ou N.-W., traversent les Cévennes et déterminent des séries de sillons hydrographiques et se raccordent en partie avec certaines failles des Causses.

Le troisième centre est constitué par le faisceau de fractures convergeant vers Decize et Saint-Saulge.

Ces trois territoires, principalement les deux premiers, paraissent des *nœuds de fractures*, provenant de *compressions maxima* du Massif Central, ainsi que le pense également MOURET.

Si on y ajoute les nombreuses failles de décrochement du Charolais, du Beaujolais, du Forez et d'une partie du Puy-de-Dôme, on peut dire que le Massif Central-butoir a été un *massif fortement comprimé et écrasé*, principalement aux époques carbonifère, permienne, oligocène et miocène.

Le Massif Central de la France est donc profondément frac-
turé par des dislocations : les unes d'âge tertiaire, les autres
d'âge hercynien ayant rejoué à l'Oligocène et au Miocène. Il fut
transformé, sous les influences précitées, en un *grand damier* à
éléments inégaux, de constitution variable et inégalement
enfoncés ou surélevés, sur lesquels l'érosion devait agir énergiquement avant la fin du Miocène, en faisant disparaître les

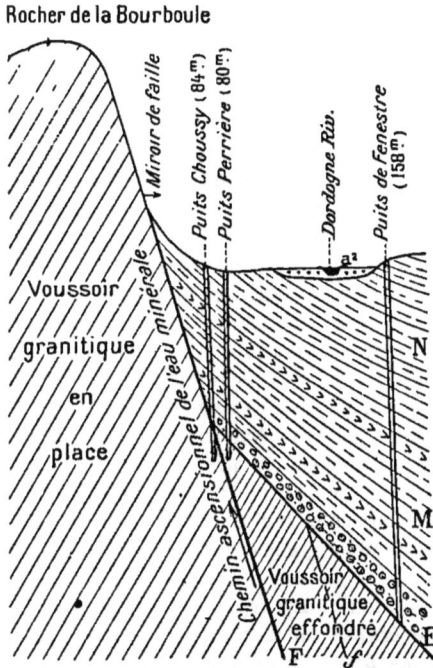

(Fig. 19). **Coupe montrant l'origine des sources minérales de
la Bourboule**, le long d'une grande fracture F (qui est également volcanique) à la limite de deux voussoirs granitiques (en partie d'après
Glangeaud) — *f*, failles secondaires — *E*, Alluvions, arènes granitiques et éboulis dans lesquels s'épanchent les eaux minérales.
M. N. Cinérites (cendres volcaniques) projetées par le volcan de la
Banne d'Ordanche à travers lesquelles sont forés les puits — *a²* Alluvions actuelles. (Ext. du Guide Drs Cany-Percepied).

ressauts des voussoirs, amenant ainsi la formation d'une *nouvelle pénéplaine* qui allait supporter, par places, les reliefs
volcaniques.

**Les régions volcaniques du Massif comprennent des cen-
taines de volcans, diversement groupés et d'âges différents,**

ayant émis des laves variées. **Les crises éruptives durèrent de l'Oligocène au Quaternaire.** — C'est surtout sous l'influence des mouvements précités que l'activité volcanique amorcée dès l'Oligocène moyen dans la Limagne, se continue durant le Miocène, le Pliocène et jusqu'au Quaternaire supérieur sur une vaste surface, mais principalement au centre du Massif. Cette activité fut *disséminée* (Limagne, Forez, Livradois, Chaîne de la Sioule, Vivarais, Bassin du Puy), ou se manifesta le long de *groupes de fractures,* alignées suivant une direction N.-W. (Devès, Aubrac, Coirons ou N.-S. (Escandorgue, Chaîne des Puys)·et les coulées de ces volcans qui furent en grande partie coalescentes, forment aujourd'hui des *plateaux* culminant les régions avoisinantes à des hauteurs diverses, suivant leur âge. S'ils sont anciens (Miocène) comme dans les Coirons et l'Aubrac, les cônes éruptifs ont été emportés par l'érosion et l'on n'observe que des pitons, tandis que dans la Chaîne du Devès, d'âge Quaternaire inférieur, il existe encore des restes de cônes éruptifs et les coulées sont suspendues au-dessus des vallées (Allier et affluents). La Chaîne des Puys et le Vivarais qui comprennent les groupes les plus récents du Massif Central (quaternaire supérieur), offrent des cratères d'une grande fraîcheur, bien conservés et des coulées qui recouvrent directement les thalwegs ou sont très peu élevées au-dessus d'eux.

Enfin, suivant un *troisième mode,* l'activité volcanique se *concentra longuement en un même point* ou en un *groupe de points* très voisins amenant ainsi une accumulation considérable de matériaux (coulées et projections) constituant des édifices qui sont parmi les plus grands du monde (Cantal, Monts-Dore, Cézallier).

Tous ces volcans ou ces régions si diverses dans lesquelles, le dynamisme éruptif fut tantôt péléen, vulcanien ou strombolien et dont les *laves* forment une gamme très variées sont datés par *les faunes et les flores*·que renferment les alluvions, intercalées au milieu des formations volcaniques, ou en dehors de ces dernières, mais en relation avec elles.

Les principales régions volcaniques qui constituent une des parures et *une des caractéristiques les plus originales* de ce massif sont les suivantes :

1. Limagne. — 2. Livradois. — 3. Forez. — 4. Bassin de Montbrison. — 5. Chaîne de la Sioule. — 6. Chaîne des Puys. — 7. Monts-Dore. — 8. Cézallier. — 9. Cantal. — 10. Aubrac. — 11. Escandorgue et Causses. — 12. Velay. — 13. Vivarais. — 14. Coirons.

Les volcans tertiaires et quaternaires du Massif Central ont laissé comme **héritage,** un *relief nouveau* surajouté à un relief ancien, d'un pittoresque envié et très divers, jouant le rôle précieux de *condensateur* et de *filtre,* et offrant en outre des *sols,* qui contrastent par leur richesse, grâce à leur teneur en chaux et en potasse, avec les régions archéennes et granitiques qui les environnent. Ils sont couverts, en effet, même à de hautes altitudes (de 1.200 à 1.700ᵐ) de gras pâturages ou paîssent d'innombrables troupeaux des races Salers et ferrandaises. Certaines laves sont exploitées comme *matériaux de construction;* et beaucoup de villes et villages sont même presque entièrement construites avec des laves (Clermont, Riom) ou des

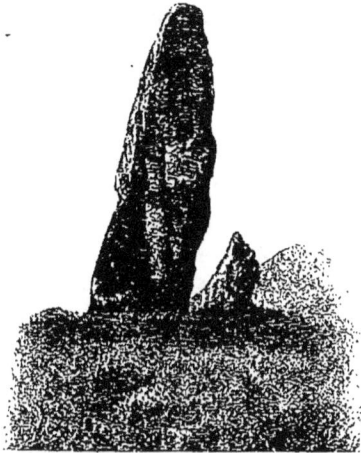

(Fig. 20). **La dent de la Rancune,** est un énorme filon de 150 mètres de haut, de trachyte noir à grands cristaux de sanidine, faisant saillie dans le fond de la vallée de Chaudefour où il a été mis en relief par l'érosion. Près de lui, il en existe d'autres (notamment la *Crête de Coq).* Ces filons sont d'anciennes cheminées de volcans secondaires des Mont-Dore remplies de lave solidifiée.

brèches (La Bourboule). Les cendres et les pouzzolanes forment avec la chaux ou le ciment, des mortiers d'une résistance incomparable, bien connue déjà des Romains.

Les régions volcaniques possèdent également une *hydrologie spéciale* et de multiples sources d'*eaux potables,* activement recherchées pour leur fraîcheur et leur pureté (Clermont, Riom, Aurillac, Le Puy, Le Mont Dore, La Bourboule, etc.) et aussi des *sources minérales,* et des *sources thermales,* dont les vertus thérapeutiques redonnent chaque année la santé à des milliers de malades.

Les volcans de la **Limagne,** au nombre de plus de 80 et étudiés par DESMARETS, M. LÉVY, GIRAUD, GLANGEAUD, s'étagent de l'Oligocène au Quaternaire supérieur et se présentent soit sous forme de *plateaux,* suspendus au-dessus des plaines à diverses altitudes (Gergovie (fig. 11), Les Côtes, Chanturgue, La Serre, Pardines), soit sous forme de *pitons*, de *necks,* en relation ou non avec des restes de coulée (Mont Rognon, Usson, Montcelet), soit encore avec des restes de cratère (Corent). Le volcan de Gravenoire, le plus récent, édifié sur la grande faille bordière, possède un cône de scories bien conservé, d'où partent des coulées, peu élevées au-dessus des alluvions du Quaternaire supérieur. Il en est de même des petits volcans de Beaumont. Clermont (fig. 11) est bâtie sur un cône éruptif quaternaire démantelé tandis que le Puy de Crouelle (fig. 28) représente un volcan oligocène exhumé par l'érosion.

Les *pépérites* sont constituées par des projections de volcans oligocènes mélangées aux marno-calcaires ou par des intrusions de lave dans les mêmes marno-calcaires.

Toutes les collines de la Limagne sont volcaniques et il n'y a de collines importantes que là où il y a des volcans.

Le **Livradois,** le **Forez,** le **bassin de Montbrison** et la **chaîne de la Sioule** ont leurs volcans réduits à des culots cratériques, en relation ou non avec ces coulées peu étendues, d'âge mio-pliocène. Le **Velay** comprend trois régions volcaniques : *Mézenc, Mégal,* et *chaîne du Devès,* encadrant le *bassin du Puy,* également volcanique (étudiés par AYMARD, TERMIER, BOULE). Les laves de ces cinq régions comprennent les séries suivantes : andésites, labradorites, basaltes, dolérites néphéliniques, limburgites, téphrites, teschénites, néphélinites, phonolites et trachytes-phonolites.

Les **massifs du Mézenc** (1.754^m) et du **Mégal** (1.488^m), forment deux unités géologiques recouvrant une partie des Cévennes et de l'Oligocène du bassin du Puy. Leurs éruptions s'étendent du Miocène inférieur au Pliocène supérieur. Les produits volcaniques constituent des plateaux, des collines plus ou moins arrondies, des tables, des dômes, des pics (sucs) isolés (Gerbier des Joncs, etc.), n'offrant plus de traces d'appareils cratériques.

Les basaltes, les trachytes-phonolites et les phonolites dominent. Les deux dernières donnent, au pays, un cachet des plus original, principalement dans le Mégal; mais il existe aussi des coulées de trachyte, d'andésite et de labradorite.

La **chaîne du Devès** plus récente (Quaternaire) qui sépare les vallées de la Loire et de l'Allier comprend plus de 150 cônes ou bouches éruptives s'étalant sur 60 kilomètres de long et formant des coulées de basalte coalescentes dont certaines descendent très bas dans les vallées, notamment dans la vallée de l'Allier, une des plus curieuses de France, à laquelle elles donnent un pittoresque très spécial par leur front érodé et prismé (de Langeac à Langogne).

Les éruptions du **bassin du Puy** s'échelonnent du Pliocène supérieur au Quaternaire supérieur. Signalons spécialement les

(Fig. 21). **Vue du cratère-lac Pavin et du volcan de Montchalm, près Besse,** d'après LECOQ. — Cette vue perspective schématisée montre que le lac Pavin occupe un ancien *cratère d'explosion*, creusé à travers les gneiss, les coulées volcaniques des Monts Dore et les coulées du volcan quaternaire du Montchalm, dont on aperçoit un bord du cratère de projections et un reste de coulée coupé à l'emporte-pièce par les explosions. Ce lac qui mesure 92 mètres de profondeur est un des plus profonds du Massif Central.

Rochers Corneille et Saint-Michel du Puy (fig. 13), formés de brèches basaltiques, ceux de Polignac (fig. 14), les volcans de Denise et, en dehors du bassin, le mont Coupet et Senèze.

Les flores de Ceyssac, du Monastier, de Taulhac, et les faunes des sables à *Mastodon arvernensis et El. meridionalis;* celles de Sainzelles, de Solilhac, de Senèze, de la Denise, étudiées par de SAPORTA, AYMARD, BOULE, DEPÉRET, ont permis de connaître les âges variés des éruptions du Velay.

Les **Coirons** constituent un plateau volcanique (andésites et basaltes) digité, mamelonné, pendant au S.-E., étalé sur une

pénéplaine antépontienne et sur les marges secondaires et oligocènes du S.-E. du Massif Central, au Sud de Privas. Il forme
comme une apophyse perpendiculaire à la bordure de ce Massif,
culminant par son extrémité S.-E. la vallée du Rhône de près
de 500 mètres. Les coulées engrenées et plus ou moins coalescentes issues de nombreux centres éruptifs, sont en relation avec
des alluvions renfermant une faune célèbre à *Hipparion gracile,*
Sus major, Rhinoceros Schleiermacheri, synchronique de celle du
Mont Léberon et de Pikermi (Miocène sup.). La série éruptive des
Coirons, plus complexe qu'on le croit, comprend parfois 5, 6 et
7 coulées superposées, alternant avec des projections. Elle se
confond avec la série inférieure du Mézenc (fig. 15).

Le **Vivarais** est parsemé de volcans quaternaires isolés, avec
des cratères parfois bien conservés (Jaujac, Aizac, Montpezat),
dont les coulées recouvrent les thalwegs actuels de la Volane,
de l'Ardèche, etc., près de Vals, tandis que la **Chape volca-**
nique de l'Escandorgue de 33 kilomètres de long forme
comme une épine dorsale au-dessus d'une partie du plateau
de Larzac, entre Lodève et Bédarieux. Cette traînée éruptive
se prolonge au S. jusqu'à la mer (Agde), par une série de lambeaux d'âge Pliocène supérieur et Quaternaire (DEPÉRET).

Un certain nombre de volcans isolés dans les Causses, entre
Espalion et Séverac relient ce territoire à l'**Aubrac** (1.471ᵐ)
massif lobé, surbaissé, bossué, de direction N.-W. comme la
Margeride et comprenant un ensemble de coulées d'andésite et
de basalte coalescentes, et parfois superposées, reposant sur
une pénéplaine archéenne, granitique et oligocène (FABRE et
BOULE). Lauby qui l'a spécialement étudié, y signale des intercalations de cinérites à flore aquitanienne et burdigalienne, qui
dateraient les éruptions.

Le Lot draine une partie de l'Aubrac par ses affluents, notamment par La Truyère, dont les gorges profondes utilisées pour
la production de houille blanche le séparent du volcan du Cantal.

Le **Massif du Cantal** qui est le plus grand volcan du Massif
Central (il est plus grand que l'Etna) et mesure en moyenne
70 kilomètres de diamètre et 220 kilomètres de circonférence,
offre, en apparence le type d'une région volcanique très simple,
en raison de sa remarquable symétrie rayonnante (fig. 17).

Ce volcan, d'âge Miocène et surtout Pliocène inférieur, dont
la hauteur absolue n'est que de 1.200 mètres atteignait environ
3.000 mètres au moment de son édification, tandis que l'altitude
du point le plus élevé actuellement (Le Plomb) n'est que de
1.858 mètres.

· Le Cantal est étoilé aujourd'hui par de profondes et pittores-ques vallées, d'origine surtout glaciaire (vallées de l'Alagnon, Sontoire, Cère, Jordanne, Mars, Sumène, Goul, Maronne, Rhue, Brezons, etc.), qui le découpent en une vingtaine de secteurs et entaillent le gâteau volcanique parfois jusqu'à sa base.

L'activité volcanique qui lui donna naissance débuta, sur un substratum archéo-granitique et oligocène, profondément frac-turé, par des éruptions *disséminées* sur un vaste espace et d'âge Miocène supérieur, ainsi que le prouve la faune du Puy Courny à *Dinotherium giganteum, Mastodon longirostris, Rhinoceros Schleiermacheri* et *Hipparion gracile* (BOULE), recueillie dans des formations situées à sa base. La flore de Joursac, de la même époque, étudiée par M. MARTY, comprend plus de 100 espèces ayant un caractère eurasiatique prononcé et se répartissant en zônes alpine, sub-alpine, sub-tropicale et même tropicale.

A cette première phase, en succéda une seconde, durant laquelle l'activité volcanique se *concentra* dans un périmètre restreint et il se forma un grand cône couronné par une caldeira centrale, présentant sur ses flancs, semblables à ceux de l'Etna de *multiples cônes secondaires* alignés sur des fractures (fig. 16 et 17).

De ces bouches éruptives sortirent alors successivement des *projections variées, des cendres* (*cinérites*), des *coulées boueuses* (brèches et *conglomérats* andésitiques), *des nuées ardentes,* puis des *coulées de lave,* qui ensevelirent les premiers volcans.

Par places s'édifièrent également des dômes trachytiques et phonolitiques. A divers niveaux s'intercalent des *cinérites* ren-fermant les végétations successives recouvrant les flancs de l'énorme édifice en voie d'accroissement. Ces cinérites sont parfois en relation avec des *dépôts à diatomées (randannite),* très développés et exploités à divers niveaux (Neussargues et Auxillac). Les flores étudiées à Niac, Saint-Vincent, la Mou-gudo, etc., par DE SAPORTA, l'abbé BOULAY, MARTY, LAURENT, LAUBY, montrent que cette activité dura pendant le Miocène supérieur et tout le Pliocène inférieur [1] et que l'édification était achevée au début du Pliocène moyen. Le revêtement exté-rieur (coulées) comprend surtout des plateaux basaltiques ou planèzes (Saint-Flour, Mauriac) couverts de beaux pâturages qui contrastent par la richesse et la profusion de leur végétation avec le substratum archéo-granitique.

(1) MARTY et G. DOLFUS signalent une faune de mollusques (Helix, Planorbes, Limnées), et de Vertébrés et une flore *plaisancienne* dans une argile ligniteuse intercalée dans le conglomérat andésitique de Pont-de-Gail, près de Saint-Clément (Cantal).

N. W.

N. E.

Montchagnot Puy de LéoMuy Puy de Louchadître Puy de Jumes Puy de la Nugère Puy de la Banoître Puy de Chanat
Puy Chopine Puy de la Coquille Puy de Sarcouy MONTS DU MORYAN

des Goulis Puy de Chaumont Châtel-Guyon Vichy
Puy de Côme Puy des Goulis Riom
de Clierzoux de Lagine Lile-Verte
Puy Baladou Grand Suchet de Fraux Chàtre du Pariou
Puy Suchet La Fontaine-de-Berget
Châtre du Pariou

PUY DE LA POULE

N. E.

S. E.

Champ-Grillot Puy de Chanturgue Mont-Blanc Puy de Montoudoux Plateau de Corporie MONTS DU VELAY
Grom de Chignore Puy de Creuel Puy St. Rémain Mont-Phal Mont-Mézenc
MONTS DE LA MADELEINE Grand Turloron Montagason Puy Giroux
Thiers MONTS DU FOREZ MÉZÉGAL

Puy de Mur Puy d'Anzu Puy St André
Les Grevasses CLERMONT Puy de Beljet
Côtes-de-Clermont Dora de Gergovie P. de Charade
Royat Puy de Bélbet
Puy St. Gerau La Serauf Montaudel

(Fig. 22). Panorama vu du sommet du Puy-de-Dôme (alt. 1.465ᵐ). — Ce panorama qu'on a été obligé de sectionner en quatre parties (successivement N., E., S. et W.) est un des plus originaux de l'Europe et un des plus étendus du Massif Central). La vue s'étend d'abord (N. et S.) aux 80 collines volcaniques de la Chaîne des Puys formées de dômes trachytiques (Sarcoui, Clierzoux) et de cratères parfois admirablement conservés (Pariou) ou égueulés (Louchadière), puis aux vieux volcans de la Limagne réduits à des pitons ou à des plateaux (E.), à ceux plus éloignés du Velay (S.-E.), puis aux massifs des Monts Dore, du Cézallier et du Cantal (S.). Enfin (W.) aux collines archéennes et granitiques de la Creuse et de la Corrèze (clichés Michelin, Ext. de Clermont, Royat et environs, Guides régionaux illustrés Michelin).

S. E.   MONTS DORE   S. W.

Puy de Saint-Sandoux   Puy de Gourdon   Puy St Pierre-Colamine   Puy de la Rodde   Puy de l'Enfer   Puy du Saucy   Puy de l'Ouire   Banne d'Ordeache

Puy de Peyrendre   Puy de la Vedo   Puy d'Olloix   Puy de Charboot   Puy de la Taupe   Puy Pelat   Puy de Pourcharel   Petit Puy de Monson   Puy Gros

MONTS DU DEVES   MONTS DU CEZALLIER

Cros d'Affef   La Narse   Puy de Mercou   Puy de Lassolas   Puy de Mardou

Puy de Montfriol   Puy de Salomon   Porte d'Allagnat

L'Achumpo   Temple de Menson

S. W.   N. W.

Puy G. Ebert   Puy de Banson   MONTS DE LA CREUSE

COLLINES DE MILLEVACHES

Puy Chambon   Grand Charchon   Puy Bainot

La Lardate   Montrognon

Gare

Mais la série lavique renferme aussi des laves grenues intrusives (gabbros et monzonites) (Lacroix), des filons et des coulées de pechstein rhyolitique, de dacite, d'essexite, de trachyte, de phonolite, d'andésite, de labradorite et de basalte.

Le **Cézallier** qui soude le Massif du Cantal à celui des Monts-Dore, comprend de hauts plateaux (Sommet : le Luguet 1.550m), mamelonnés, couverts de bruyères et de pâturages. Il présente plusieurs centres volcaniques, ayant donné des laves peu variées (trachytes, andésites, dolérites, basaltes) avec parfois des cinérites fossilifères.

Le **groupe volcanique des Monts-Dore** qui lui fait suite au N.-W. offre de grands rapports avec le Cantal.

Mais bien que d'étendue moindre que ce dernier (900 kil. carrés, 6 fois la superficie du Vésuve), il est beaucoup plus complexe et beaucoup plus original que lui. Il comprend, en effet, *3 centres volcaniques principaux* (Banne d'Ordanche, 1.515m; Sancy, 1.886m; Aiguiller, 1.547m) juxtaposés, édifiés sur un substratum archéo-granitique, cambro-devonien et Oligocène, fortement disloqué et recouvert de deux *groupes de superposition* : l'un, ancien pliocène (groupe des Puys de l'Angle, 1.728m; la Tache, 1.636m), l'autre quaternaire supérieur (Montchal, Montcineyre, Tartaret, etc.), avec cratères d'explosion (Pavin) (fig. 22) et lacs de barrage (Chambon). Au pourtour et à l'E. s'étendent une série d'assez grands volcans (*volcans périphériques* du Saut de la Pucelle, de Jonas, Maisse), qui ne font pas partie intégrante des groupes des Monts-Dore proprement dits, bien qu'ils s'y rattachent étroitement au point de vue géologique.

Les éruptions qui donnèrent naissance à cet ensemble durèrent du Miocène supérieur au Pliocène inférieur, ainsi que l'indiquent les flores de la Bourboule, du Saut de la Pucelle, etc., recueillies dans les cinérites et étudiées par l'abbé Boulay, Laurent, etc. Il y eut également, comme dans le Cantal, un dynamisme péléen, vulcanien, strombolien et émission de laves diverses, de coulées boueuses, de nuées ardentes, de projections, différemment disposées, et parfois très intriquées suivant les points. Il faut noter aussi un grand nombre de dômes et de coulées-dômes, de *rhyolite, trachyte, trachyte-phonolite* et *trachyte-andésite,* de hauteur parfois considérable (300m), qui forment actuellement un bosselement bien caractéristique et un relief vigoureux (fig. 18).

En dehors des laves précitées, signalons les *bostonites, andésites, ordanchites, basaltes, labradorites, basaltes téphritiques* (*demi-deuil*) et *basanites.*

Les enclaves ont été spécialement étudiées par M. Lacroix,

qui a observé notamment les types grenus suivants : essexites, monzonites, gabbros, syénites néphéliniques et mareugites, dont quelques-uns correspondent aux *types de profondeur* des laves mentionnées ci-dessus.

Les *stations thermales* du Mont-Dore et de la Bourboule ont leurs sources minérales en relation : les premières, avec un filon radial de trachyte-phonolite, qui est une ancienne cheminée volcanique, les secondes avec une grande fracture permo-carbo-

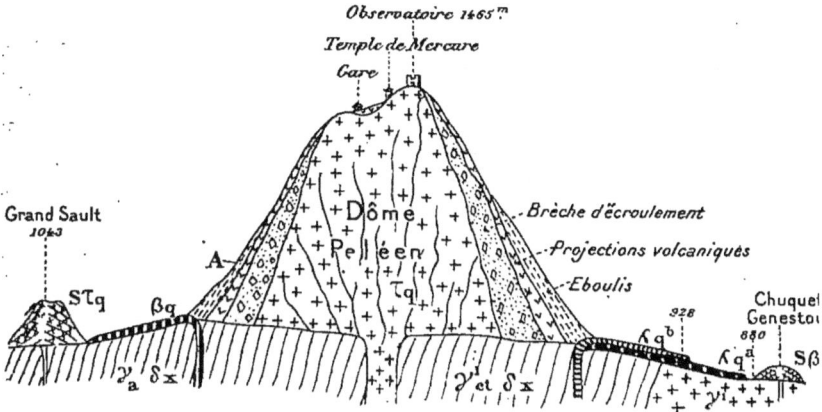

(Fig. 23). Coupe E.-O. à travers le Puy de Dôme et ses abords. Cette célèbre montagne est constituée par un *dôme peléen* de domite (Trachyte à biolite et à tridymite sans hornblende τ_q qui s'éleva à la façon du dôme de la montagne Pelée, par intumescence et bourgeonnement, et qui est recouvert par une gaîne d'éboulis provenant de l'écroulement du dôme au fur et à mesure de son édification. L'ensemble est en partie enseveli sous une *deuxième gaine* de projections vulcaniennes de trachyte (ponces, bombes en croûte de pain, lancées par un volcan, le puy Lacroix situé à sa base (v. fig. 24). A l'E. et à l'O., 2 petits cônes éruptifs et des coulées de labradorite λ_q et de basalte β_q.

nifère, ayant rejoué au Tertiaire, fracture sur laquelle s'alignent également les centres éruptifs du groupe volcanique de la Banne d'Ordanche (fig. 19).

Le massif volcanique des Monts-Dore, étudié principalement par LECOQ, MICHEL LÉVY, LACROIX et GLANGEAUD, très varié aux points de vue géographique, géologique, minéralogique et glaciaire est, sans contredit, le *groupe volcanique le plus instructif de l'Europe*. Il comprend le point le plus élevé du Massif Central (Sancy, 1.886m) et il donne naissance à une série de rivières irradiant de 3 centres et dont la Sioule, la Dordogne et l'Allier sont les collecteurs principaux.

4

Les plus jeunes volcans du Massif Central, en dehors de ceux déjà cités dans les Monts-Dore, le Çézallier et le Vivarais, forment une chaîne éruptive, dite **Chaîne des Puys**, remarquable par la nature, la fraîcheur et la disposition des édifices volcaniques, qui sur 35 kilomètres et au nombre de 80, prolongent au N. le groupe des Monts-Dore et culminent les plaines de la Sioule à l'W. et celles de l'Allier à l'E.

Cette chaîne de volcans (qui paraissent à peine éteints), a une direction. nettement N.-S., mais elle se décompose en une série de chaînons N.-E., N.-W. ou N.-N.-E., qui sont celles des fractures hercyniennes réouvertes au Quaternaire.

On y distingue des volcans massifs, sans cratère et sans coulée ayant l'aspect de *dômes* variés (ce sont les plus anciens) et des volcans plus récents (*avec cratères*) ayant émis des coulées plus ou moins longues, qui sont descendues dans le fond des vallées accédant à la vallée de la Sioule et à la plaine de la Limagne, jusqu'aux portes de Clermont.

Les dômes se sont édifiés, comme la Montagne Pelée et sont constitués par une roche acide (domite-trachyte). Le Puy-de-Dôme, le plus élevé de la chaîne (1.465ᵐ), recouvert en partie de projections trachytiques lancées par un cratère voisin (Puy Lacroix), est le type le plus remarquable de ces dômes (fig. 22, 23 et 24) avec le Chaudron et le Clierzou.

Il y eut aussi des volcans trachytiques à cratère, mais sans coulée (les plus anciens) masqués fréquemment par des volcans à cratère, à laves basiques (*andésite, labradorite, basalte*), qui émirent une ou plusieurs coulées alternant avec des projections (Puy-de-Côme, Pariou, Nugère, Louchadière, etc.). Les coulées de lave mesurent parfois 3 à 4 kilomètres de large et de 10 à 22 kilomèfres de long (Louchadière, Nugère, Vache et Lassolas).

Certains cratères qui ont eu une partie de leurs flancs emportés par la pression de la lave offrent un égueulement et une physionomie des plus pittoresques. Les Puys de La Vache et de Lassolas sont célèbres, à cet égard, ainsi que le Puy de Louchadière..

Les éruptions des Puys eurent lieu durant le Quaternaire supérieur. Le mammouth, le renne et les hommes de cette époque, furent les témoins effrayés de cette dernière manifestation volcanique dans le Massif Central.

Les anciens glaciers et les quatre périodes glaciaires. — Reliefs vulcano-glaciaires. — Les cuirasses volcaniques, les apophyses laviques (filons, dômes et dômes-coulées). — Les glaciers paraissent installés, dès le Pliocène moyen, dans les régions de haut relief, dans les massifs volcaniques des Monts-

Dore, du Cézallier, du Cantal et de l'Aubrac, dont les altitudes
atteignaient successivement 2.500, 2.000, 3.000 et 1.900 mètres,
et aussi dans les monts du Forez (dont l'altitude devait atteindre
1.800ᵐ) où je les ai découverts et probablement dans le Velay et

(Fig. 24). **Le Puy de Dôme** (flanc Ouest). — Ce volcan qui est le plus élevé de la Chaîne des
Puys (il a 500 mètres de hauteur absolue) est formé par un dôme complexe dont la figure 23 montre la
genèse et la constitution. A la base (à droite), le Puy Lacroix est accolé au flanc du Puy de Dôme,
sur lequel il a projeté une masse de ponces et de bombes trachytiques en croûte de pain. A l'extrême
droite, col de Ceyssat.

les régions élevées des Cévennes (Mont Lozère) Haut-Vivarais,
bien qu'on ne les y ait pas encore signalés.

Ils constituaient principalement, au centre du Massif Central sur 150 kilomètres de long et sur 30 à 80 kilomètres de large
une série de *calottes de glace,* recouvrant non seulement chacune
des régions volcaniques précitées, mais s'étendant au-delà de la
partie volcanique elle-même, ainsi que le prouvent la topographie
et les dépôts glaciaires (moraines).

J'ai calculé que la surface recouverte par les glaciers pendant
leur maximum d'extension était de plus de 10.000 kilomètres

carrés, c'est-à-dire qu'un *huitième de la superficie du Massif Central* fut profondément modifiée par ces agents d'érosion et de transport.

Chacun des centres volcaniques, tels que le Cantal ou le volcan du Sancy présentait donc, au début, une calotte de glace, un peu irrégulière car elle était formée de *lobes coalescents* par places, déjà enfoncés dans les premières vallées qui sillonnaient les flancs des édifices volcaniques et *au-dessus desquels émergeaient* (couverts de neiges et de névés), les volcans secondaires, les dômes et parfois quelques épaisses coulées qui accidentaient le volcan. L'aspect de chaque centre vulcano-glaciaire devait alors rappeler singulièrement celui du mont Rainier (Etats-Unis) où l'ensemble des glaciers qui le recouvrent et irradient de son sommet, simule les bras d'une gigantesque pieuvre, dont le cratère central formerait la bouche.

J'ai pu reconstituer dans les Monts-Dore une grande partie de ces lobes glaciaires dont les produits de fusion étaient entraînés dans la Dordogne et les affluents de l'Allier.

Les glaciers ont été étudiés depuis 1868 par DELANOUE, JULIEN, FOUQUÉ, RAMES, M. LÉVY, BOULE et MARTY, qui avaient signalé deux extensions glaciaires dans le Massif Central. J'ai été assez heureux pour en observer 4, qui paraissent se paralléliser avec les *quatre périodes glaciaires* alpines : *Guntzienne, Mindélienne, Rissienne et Wurmienne*. La première est mal conservée, la deuxième et la quatrième sont les plus nettes; elles constituent le glaciaire des plateaux et du fond des vallées des anciens auteurs.

Un des territoires les plus remarquables pour l'étude de ces formations et des alluvions inter-glaciaires est l'hémicycle de 80 kilomètres qui comprend les Monts-Dore, le Cézallier et le Cantal et dont la colline phonolitique de Bort (Corrèze), serait le centre. C'est vers cette colline qu'ont convergé les laves, puis les glaciers et les torrents glaciaires, issus des centres précités; aussi présente-t-elle, en dehors de caractères géologiques importants, les restes de 3 et peut-être 4 périodes glaciaires, et de 4 périodes interglaciaires, ainsi que le montre la figure. Elle constitue donc par son ensemble de caractères géographiques et géologiques, la *colline la plus remarquable du Massif Central* (fig. 10, 25 et 26).

Les *moraines glaciaires* mindéliennes sont particulièrement développées au Sud du volcan du Sancy, entre La Tour d'Auvergne, Tauves, Bort, Besse, Egliseneuve, Picherande et Condat où elles forment des territoires rappelant ceux de la Finlande, parsemés de *lacs* (d'origine glaciaire) aujourd'hui *transformés en tourbières.* Toute la région archéenne de Bort, Cros, Saint-Genès, Saint-Donat, Champs, Champagnac-le-Haut, a été rabotée par un puissant glacier de plus de 100 mètres d'épaisseur ayant moutonné d'une manière remarquable, les collines qui présentent encore, par places, des restes de dépôts morainiques.

Dans les Monts-Dore, la *vallée* de la Dordogne au Mont-Dore (fig. 18) et jusqu'à Saint-Sauves, celles de Chaudefour jusqu'à Murols, de la Couze Pavin, du Valbeleix, ont la forme

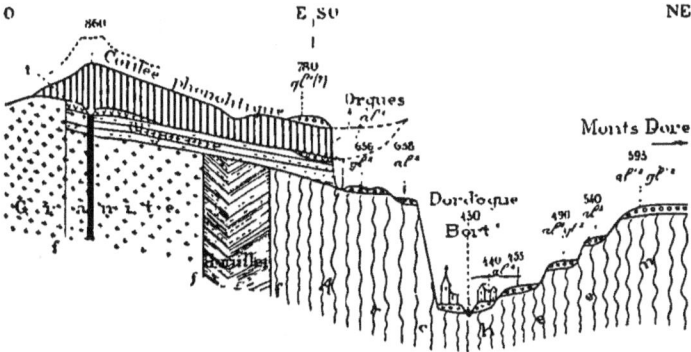

(Fig. 25). **Coupe à travers la colline enregistreuse de Bort et ses alentours.** — Cette colline, une des plus remarquables du Massif Central présente un substratum Archéen, granitique et houiller disposé en voussoirs. Le houiller est effondré entre les deux autres formations sur lesquelles s'étend l'*Oligocène* (60 mètres d'argiles sableuses), faillé et conservé grâce à une coulée de *phonolite* qui s'est épanchée dans la Dordogne de l'époque Pliocène *(all,* alluvions de cette époque) et qui a été recouverte par un dépôt *gl1* qui paraît être (?) une moraine Güntzienne. Les *creusements successifs* de la vallée de la Dordogne par des glaciers et la Dordogne venant des Monts Dore sont marqués par des dépôts glaciaires ou fluvio-glaciaires étagés d'une façon typique, *gl2* moraines mindéliennes, *al2* alluvions mindéliennes, *al3*, *gl2* alluvions fluvio-glaciaires passant à des moraines *al3*, *gl4*. Terrasses Rissiennes, *al4*. Terrasses Wurmiennes.

typique en auge et présentent des restes de moraines frontales ou latérales de *glaciers Wurmiens.* Il en est de même de celles de la Tarentaine, de la Clamouze et de la Rhue. Cette dernière est encore remblayée depuis Egliseneuve jusqu'au pont de Clamouze sur 7 kilomètres par des moraines de 30 à 40 mètres de haut et les bourgs de Condat, et d'Egliseneuve sont bâtis en partie sur des *verrous et des moraines.*

Les vallées cantaliennes offrent des faits analogues, notamment celles de la Cère (étudiée par MM. BOULE et MARTY), de la Jordanne, de l'Alagnon (JULIEN), etc., mais là aussi on observe au moins trois périodes glaciaires marquées par des moraines et une topographie caractéristique.

La vallée de la Rhue est la plus remarquable de l'Auvergne au point de vue glaciaire, car elle a été le collecteur commun des glaciers du S.-W. des Monts-Dore, de l'W. du Cézallier et du N. du Cantal, aussi est-elle puissamment façonnée par ces derniers et présente-elle le *plus grand glacier polysynthétique Wurmien,* qui dépassait Bort. Il avait donc plus de 40 kilomètres de long, c'est-à-dire des dimensions plus considérables que celles du plus grand glacier alpin actuel (Glacier d'Aletsch, dont la longueur n'est que de 25 kil.). Ces faits montrent l'ampleur des phénomènes glaciaires dans les régions volcaniques du Massif Central.

Ce sont les rivières, les torrents, mais principalement les glaciers qui ont si profondément modifié le relief primitif de ces régions en dégageant la *cuirasse volcanique* et, en mettant en saillie les *dômes* (Capucin, Puy Gros), les *coulées-dômes,* les *culots cratériques* (Sancy, Puy Mary, Banne d'Ordanche), les *épaisses coulées* (Bozat, Les Crebasses) et les *filons* nombreux qui constituent aujourd'hui des *pitons* ou des *murailles verticales,* culminant la contrée environnante, à laquelle ils donnent un pittoresque des plus suggestifs et des plus originaux (fig. 20).

Parmi les culots-verrous je citerai dans les Monts-Dore, le Capucin, le Puy Lachaud, les deux Chambourguet, Pertuzat, Mont-Redon, Mont-Pouget, Saint-Pierre Colamine, etc. Il faut noter aussi les Roches Vendeix et Sanadoire qui ont servi également de *verrous* à ces glaciers, ainsi que le prouvent leur forme et leurs plaçages morainiques. En dehors de ces caractères, on observe encore de nombreux *glaciers de cirque Wurmiens* (La Bourboule, Roc de Fourme, la Tourette, la Tache, Hautechaux), dont les langues descendaient jusque dans les vallées principales où elles ont contribué à franger le rebord supérieur des versants.

En maints endroits existent aussi des *vallées suspendues et des cascades* d'origine glaciaire (Grande Cascade, Les Monaux, Tarentaine, etc.)

L'Age des derniers Glaciers et des derniers Volcans et l'arrivée des premiers hommes dans le Massif Central. — L'homme paléolithique *chelléen* assista à la dernière extension glaciaire, de même que l'homme *Moustérien* fut le témoin des dernières éruptions volcaniques des Puys, du Velay et du Vivarais. Aux environs d'Aurillac, BOULE a recueilli, en effet, des silex chelléens dans des alluvions (all. du Bousquet) qui seraient

(Fig. 26). **Les Orgues phonolitiques de Bort (Corrèze).** — Colonnade célèbre de prismes gigantesques (80 mètres de haut) que l'érosion isole et désagrège constituant le front actuel de la coulée de phonolite issue d'un point situé à l'O. (v. fig. 25). Elle a 1.500 mètres de long et domine la ville de Bort de 300 mètres. Du sommet des orgues, on jouit d'une vue très étendue sur les anciens grands volcans des Monts Dore, du Cézallier et du Cantal qui forment un vaste amphithéâtre dont Bort est le centre (fig. 10).

antérieures aux derniers glaciers, en particulier à la moraine frontale de Carnéjac, du glacier de la Cère. Et dans la ballastière d'Arpajon, synchronique de cette moraine, *car elle en représente le cône de déjection,* RAMES et MARTY signalent le Mammouth le Renne et le Lion des cavernes.

A la montagne de la Denise, au Puy, la présence du *Rhinoceros Mercki,* dans les fentes des brèches, et celle d'un squelette humain (*l'homme de la Denise*) dans les dépôts d'atterrissement de ce volcan, recouverts d'après BOULE, par des couches scoriacées indiqueraient que l'homme de cette époque, du type Néanderthal, aurait assisté à l'éruption du volcan de la Denise.

D'autre part, l'abbé CROIZET avait recueilli une *faune froide* remarquable (avec Aurochs, Renne, Ours des cavernes, Spermophile et bois travaillé), à Neschers, dans des sables adossés à la coulée de l'un des derniers volcans du Puy-de-Dôme (Tartaret).

Enfin, j'ai montré qu'à Murols, les projections du Tartaret reposent près du lac Chambon, sur des buttes cinériques moutonnées, d'âge Wurmien. Il s'en suit que l'éruption de ce volcan fut post-glaciaire et eut bien lieu avant la fin de l'époque du Renne.

Il existe plusieurs stations de l'âge du Renne en relation avec des coulées de lave récentes : à Saint-Arcons-sur-Allier (Haute-Loire) (BOULE et VERNIÈRE) et à Blanzat (Puy-de-Dôme) (Pommerol). Il n'est donc pas douteux que les chasseurs de Rennes aient vu le rougeoiment des éruptions des Puys.

Je mentionnerai, bien qu'un peu en dehors du Massif Central la célèbre grotte moustérienne de La Chapelle-aux-Saints, au Sud de Brives, où l'abbé BOUYSSONIE a recueilli avec le Renne : *Rhin, tichorhinus,* la Marmotte et l'Hyène des cavernes, ainsi qu'une belle tête d'*homme moustérien* pithécoïde et néanderthaloïde, étudiée par M. BOULE.

Après le départ des glaciers, les *hommes paléolithiques* remontèrent les vallées de l'Aquitaine et du Bassin de Paris qui accédaient au Massif Central et envahirent ce dernier.

Le creusement des vallées du Massif Central depuis le Miocène. — Les Terrasses alluviales et leurs Faunes. — Mouvements épirogéniques du Massif et mouvements eustatiques. — La fin de l'Oligocène coïncide, en général, dans le Massif Central avec la fin d'un *cycle de remblaiement lacustre* important et avec le début d'un *cycle d'érosion* marqué par des restes de pénéplaine gauchies ou d'alluvions parfois disloquées, dont la principale est antépontique. Ces observations montrent que les mouvements dynamiques continuèrent, bien qu'atténués, après le Miocène puisque des coulées reposant sur des alluvions miocènes sont conservées seulement par le revêtement volcanique.

Le creusement des vallées de la Loire, de l'Allier, de la Dordogne, du Cher, etc., eut lieu successivement, en relation d'abord avec des mouvements épirogéniques, puis avec des mouvements eustatiques. Ces derniers, à partir du Pliocène supé-

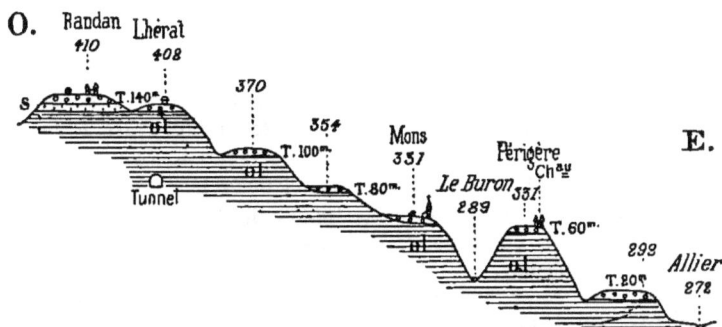

(Fig. 27). Coupe E.-O. à travers une partie de la Limagne, de l'Allier à Randan. — Cette coupe montre les creusements successifs de la vallée de l'Allier, sur une hauteur de 140 mètres, avec des restes de terrasses étagées du Pliocène supérieur au Quaternaire supérieur.

Ol. marnes et calcaires marneux Oligocènes (*Stampien*). Le tunnel de Lhérat (ligne Riom-Vichy) est creusé dans des calcaires marneux à *Cypris* et à *Hélix sp.* -S. Sables avec argiles sableuses pour tuileries (Aquitanien ou Burdigalien), T. 20 ; T. 60 ; T. 80 ; T. 100 ; T. 140, restes de lits ou terrasses successives de l'Allier de 20 mètres à *El. primigenius* (Mammouth). *Rhin. tichorhinus et Cervus tarandus* (Renne) ; de 60 mètres, de 100 mètres, de 140 mètres. Cette dernière renferme en galets toutes les roches volcaniques des Monts Dore (trachyte, andésite, phonolite, basalte), ainsi qu'*Elephas meridionalis.* Elle est donc Pliocène supérieur. En amont, près de Maringues, il existe des restes d'une terrasse intermédiaire de 40 mètres.

rieur seraient prouvés par l'horizontalité relative des terrasses du Pliocène supérieur au Quaternaire supérieur (DEPÉRET, VACHER, DEMANGEON, CHAPUT, GLANGEAUD, etc.)

Le tracé définitif des cours d'eau et la forme des vallées sont également en relation avec les conditions géologiques (nature du substratum et tectonique).

Dans la Limagne, il existe une série de coulées de lave formant plateau à des hauteurs très différentes au-dessus de la vallée de l'Allier. Beaucoup de ces coulées s'étant épanchées dans les vallées successives de cette rivière et de ses affluents, j'ai pu donner une *échelle de coulées,* en relation avec des *alluvions* de plus en plus récentes. La coulée qui culmine le plus fortement (380ᵐ) les plaines de la Limagne est celle de Gergovie, qui repose sur des sables fins, d'origine lacustre, alternant avec des argiles à *Melanoïdes Escheri, Melanopsis Hericarti, Unios* et flore très riche (60 espèces) étudiée par l'abbé BOULAY et comprenant *Sabal major, Quercus elœna, Cinnamomum,* etc., faune et flore d'âge vraisemblablement Aquitanien.

Miocène. — C'est au début du Miocène (Burdigalien), que l'on doit rapporter les sables de Givreuil, près de Moulins, qui *ravinent* l'Aquitanien et ont une faune burdigalienne : *Dinotheriun Cuvieri, Mastodon, angustidens, Mastodon tapiroïdes, Rhinaurelianense* (STEHLIN, GLANGEAUD). Ces sables sont surmontés par les *sables du Bourbonnais,* probablement lacustres, qui se relient aux *sables de la Sologne* (DOLLFUS), mais leur âge n'est peut être pas uniforme et s'étend probablement jusqu'au Miocène supérieur.

· Dans le Velay, on observe (AYMARD, BOULE) des sables à chailles (silex jurassiques) dont les uns (Le Monastier), ne renferment pas de galets de roches volcaniques, et paraissent d'âge Burdigalien ou Helvétien car ils sont disloqués et c'est sur leurs tranches rabotées que reposent les premières coulées du Velay, d'âge Pontique (GLANGEAUD). Ailleurs, ces sables· renferment des galets de basalte et paraissent bien Pontiques.

Sur la pénéplaine anté-pontique et sur des alluvions pontiques s'étendirent les coulées des Coirons (Torcapel) et du Puy Courny, près Aurillac (V, ante). Enfin les alluvions sous-basaltiques à chailles et sans éléments volcaniques du plateau de Pardines, près d'Issoire, sont vraisemblablement d'âge Miocène supérieur. Elles forment *une terrasse de 230 mètres,* qui paraît la plus ancienne de la Limagne. Peut-être celle du Puy de Var est-elle synchronique.

Pliocène. — Les alluvions Pliocène inférieur et moyen ne sont pas bien datées. Il faut y rapporter probablement celles du Puy de Corent (à 175ᵐ) et de Bort.

A partir du Pliocène supérieur (Villafranchien) les terrasses sont plus étendues et mieux conservées. Dans la Limagne, la terrasse de Randan (Allier) (fig. 27), les alluvions célèbres de Perrier, près d'Issoire, intercalées dans le conglomérat et qui culminent l'Allier de 130-150 mètres constituent un niveau précieux par sa position et sa faune à *Elephas meridionalis, Mastodon arvernensis, Mast. Borsoni, Tapirus arvernensis, Rhinoceros arver-*

nensis, Equus stenonis, Bos elatus, Hyœna arvernensis, Ursus arvernensis, Machairodus crenatidens, nombreux Cerfs et Gazelles.

Cette faune étudiée par l'abbé CROIZET, DE LAIZER, JOBERT, etc., est l'équivalent de celle du Val-d'Arno (Villafranchien DE DEPÉRET), de même que celle des *sables à Mastodontes,* des environs du Puy, étudiée par BOULE, sables qui renferment toutes les roches volcaniques du Mézenc, dont les éruptions par suite, étaient terminées au Pliocène moyen.

Ainsi au Pliocène supérieur on peut tracer une grande partie du thalweg des vallées de la Loire, de l'Allier et du Cher.

Quaternaire. — Il faut rapporter, au début du Quaternaire, les *terrasses de 100-110 mètres et de 80 mètres,* auxquelles se relient les lambeaux des environs de Brassac, de Malbattut,

(Fig. 28). **Le Puy de Crouelle.** Volcan fossile édifié dans l'ancien lac Oligocène de la Limagne (c'est un des plus vieux du Massif Central) qui paraît un des plus jeunes. Il a été enseveli sous des marnes et des calcaires et exhumé par l'érosion. Sur ses flancs et à son sommet on observe des venues de bitume et des dépôts de calcédoine.

près d'Issoire, à *El. cf. antiquus, Hippopotamus major,* de la Roche Noire, de Saint-Hippolyte, près de Châtel-Guyon, à *El. intermedius, Cerfs,* etc.

La *terrasse de 60-65 mètres,* qui correspondrait au *Rissien* (DEPÉRET, CHAPUT, GLANGEAUD) offre un nombre de lambeaux plus étendus constituant les anciennes *hautes terrasses* des auteurs. La deuxième terrasse de Brassac, de Malbattut, de Pont-du-Château, des environs de Saint-Germain-des-Fossés, de Bourbon-Lancy, de Bort, etc. s'y rapporte.

Mais c'est surtout la *terrasse de 35-40 mètres,* à *Elephas primigenius* (Mammouth) *Rhinoceros tichorhinus,* qui offre un développement remarquable dans la vallée de l'Allier, depuis les environs de Brioude, jusqu'à Nevers.

Enfin la *basse terrasse* avec ses trois paliers de 25-18-12 mètres et sa riche faune à *El. primigenius, Cervus tarandus* (Renne), *Bos primigenius, Equus caballus* et silex moustériens (Sarliève, Billy, Vichy, etc.) est la mieux conservée et forme une partie des plaines de la Limagne, de la Loire et de la Dordogne à Bort, où elle *se relie* (alluvions de regression) aux derniers glaciers quaternaires (GLANGEAUD).

Depuis cette époque, les modifications dans le cours des rivières ont été peu importantes.

Le Sommeil des volcans du Massif. — Sources minérales et thermales. Dégagements considérables d'acide carbonique, Bitume, Pétrole, Degré géothermique. — L'activité volcanique qui débuta dès l'Oligocène moyen, dans la Limagne et se continua avec des intervalles de repos durant le Miocène, le Pliocène et le Quaternaire dans une grande partie du Massif Central est-elle enfin terminée? On peut répondre hardiment par la négative, car le degré géothermique en Limagne est de $13^m,5$ au lieu de 30 mètres (sondage pétrolifère de Macholles, près Riom, M. LÉVY), de sorte que les roches sont en fusion à moins de 25 kilomètres, sous la Limagne. Les milliers de gisements d'acide carbonique qui proviennent de cette masse fondue et représentent des *mofettes,* en sont une nouvelle preuve, ainsi que les *centaines* de *sources* minérales fréquemment *thermales,* presque toutes *bicarbonatées sodiques* (pour cette raison) qui en laissent dégager aussi, sans profit, de grandes quantités. Enfin, il faut y ajouter probablement les venues de bitume et de pétrole, qui pourraient représenter des émanations carburées de la profondeur, émanations arrivant au jour *par des failles,* comme l'acide carbonique et les eaux minérales.

On peut donc conclure que l'activité volcanique dans le Massif Central n'est que ralentie. Mais comme les *séismes* sont, en général, très peu fréquents dans une grande partie du territoire, sauf dans le bassin du Puy, il y a lieu de croire que nous n'assisterons pas à un nouveau réveil des volcans.

Les venues de *pétrole* et de *bitume* en plusieurs points, près de Clermont, ainsi que celles qui ont été observées entre 600 et 1.164 mètres de profondeur, à divers niveaux de l'Oligocène, dans le sondage de Macholles, où elles étaient en relation avec des *eaux salées,* permettent d'espérer qu'il existe du pétrole dans le sous-sol de la Limagne, soit que l'on considère ce produit, comme ayant une origine volcanique, soit comme provenant de la distillation d'organismes accumulés dans le fond du géosynclinal. L'extraction de 35 barriques de pétrole, dans le sondage de trop faible diamètre de Macholles, est un indice très probant en faveur de la présence de poches ou de nappes de pétrole.

Les dégagements abondants de *gaz hydrocarburés inflammables*, dans presque tous les sondages de la Limagne (Puy de la Poix, Malintrat, Macholles, Cœur, etc.), constituent un nouvel argument en faveur de cette opinion.

Enfin, les nombreux gisements de bitume de cette région, dont plusieurs sont exploités par la Société d'asphalte de Pont-du-Château, offrent de grandes analogies d'âge, de constitution et de gisement avec ceux de Pechelbronn, en Alsace, qui sont pétrolifères et que des initiatives intelligentes ont fini par mettre en valeur, puisque depuis 30 ans, on y extrait plus de 50.000 tonnes d'huiles lourdes par an.

Une partie des formations géologiques de Pechelbronn sont Stampiennes et d'eau douce, comme en Limagne. Elles sont en relation avec une série de failles post-oligocènes N.-S. parallèles aux failles bordières des Vosges, de même qu'en Limagne, les gisements de bitume ont les rapports les plus étroits avec des fractures N.-S. parallèles aux fractures bordières de ce bassin. Et comme la Limagne est une contrée plus volcanique, plus riche en gisements de bitume que l'Alsace, je reste persuadé que des sondages bien placés et bien conduits donneraient vraisemblablement des résultats plus évidents encore que ceux de cette dernière région.

Les venues d'*acide carbonique* et les *sources minérales* et thermales sont un héritage de l'activité Quaternaire. Elles n'existent que dans les régions volcaniques : Limagne, Monts-Dore, Vivarais, etc. ou affectées de fractures anciennes ou de filons minéraux ayant rejoué au Tertiaire (La Bourboule (p. 43, fig. 19) Vals, Evaux, Bourbon-l'Archambault). Elles manquent dans le Massif, à l'Ouest de la grande traînée houillère et sont au contraire extrêmement abondantes dans la Limagne (plus de 500) et dans le Vivarais (Vals seule utilise 120 sources).

Les émissions d'acide carbonique sont exploitées à Aigueperse (une usine de liquéfaction) et pourraient l'être plus en grand, en de nombreux points, car il s'en dégage, sans profit, plus de 200 tonnes par jour dans la seule Limagne. Quant aux sources minérales, elles forment la *gamme thermale, radioactive et chimique* la plus remarquable de France, permettant des applications thérapeutiques nombreuses et variées. Il suffira de citer : Vichy (45°), La Bourboule (la plus radio-active, 56°), le

Mont-Dore (44°), Châtel-Guyon, Royat (35°), Saint-Nectaire, Vals, Chaudesaigues (80°), Châteauneuf, Vic-sur-Cère, Bourbon-l'Archambault, Pougues, Evaux, Néris, Saint-Galmier, Sail-sous-Couzan, etc., pour avoir une liste très sommaire de ces sources, qui constituent un élément important de la richesse du Massif Central, mais dont l'étude scientifique a besoin d'être complétée. Les eaux alcalines de l'Auvergne et de Vals et les eaux arsenicales et radio-actives de la Bourboule, en particulier, ne connaissent pas de rivales. Au point de vue de l'intérêt général et des malades, beaucoup de ces sources mériteraient d'être mieux connues en France et à l'étranger.

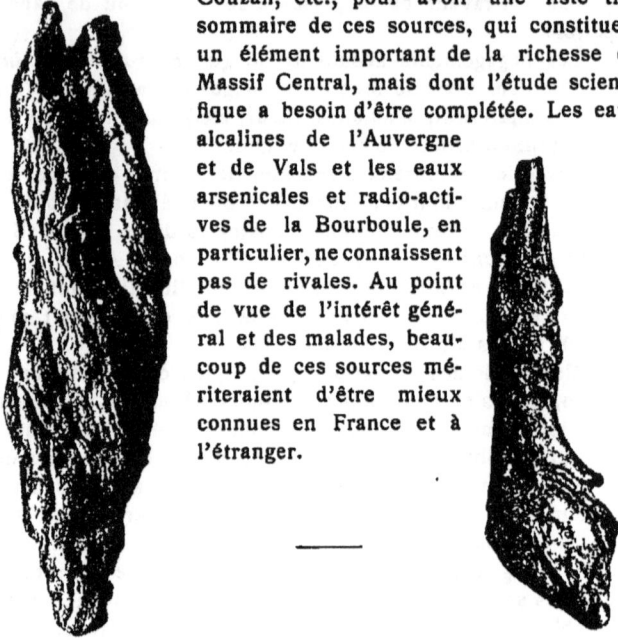

(Fig. 29). **Bombes basaltiques en fuseau et reployée,** du volcan de Gravenoire, près de Royat.

BASSIN de BRIVE ... PLATEAU TULLE-LIMOGES ... PLATEAU et MILLEVACHES ... PLATEAU d'USSEL ... MASSIF des MONTS DORE ... VOLCANS d'AUVERGNE ... LIMAGNE ... LIVRADOIS ... MONTS du FOREZ ... BASSIN du MONASTIER ... MONTS DU LYONNAIS

Légende. — Cette coupe générale, où les hauteurs ont été exagérées à dessein, est principalement destinée à faire ressortir les caractères géophysiques de chaque région traversée...

Échelle : Longueurs, ———— ; Hauteurs, ————

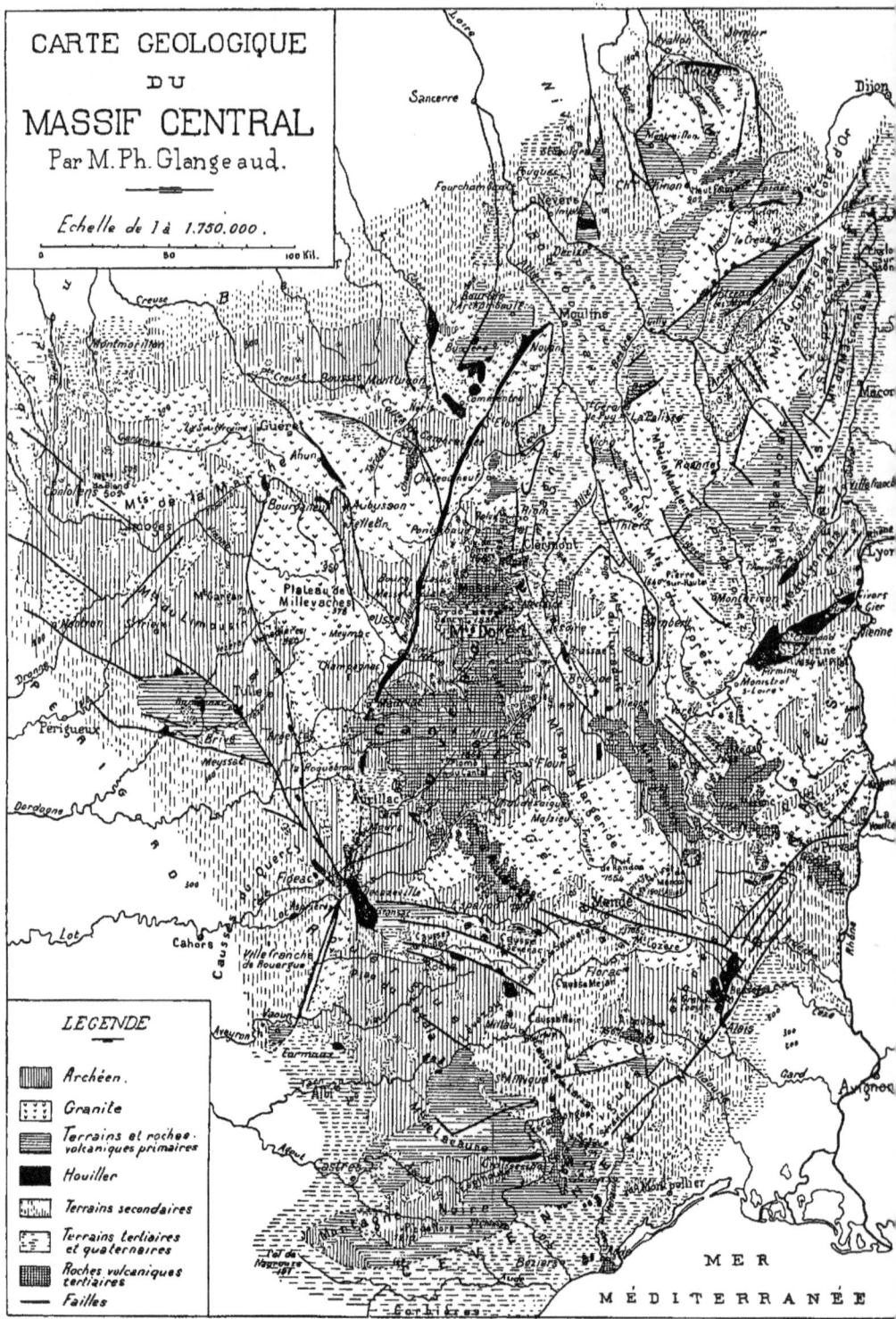

CARTE GEOLOGIQUE
DU
MASSIF CENTRAL
Par M. Ph. Glangeaud.

Echelle de 1 à 1.750.000.

0   50   100 Kil.

LEGENDE

Archéen.

Granite

Terrains et roches volcaniques primaires

Houiller

Terrains secondaires

Terrains tertiaires et quaternaires

Roches vulcaniques tertiaires

Failles

MER
MÉDITERRANÉE